Lecture Notes in Mathematics

Edited by A. Dold and B. Eckmann

T0233269

559

Jean-Pierre Caubet

Le Mouvement Brownien Relativiste

Springer-Verlag
Berlin · Heidelberg · New York 1976

Auteur
Jean-Pierre Caubet
Université de Poitiers
Mathématiques
40, Avenue du Recteur Pineau
86022 Poitiers/France

Library of Congress Cataloging in Publication Data

Caubet, Jean Pierre.
Le mouvement brownien relativiste.

(Lecture notes in mathematics ; 559)
Bibliography: p.
1. Brownian motion processes. I. Title.
II. Series: Lecture notes in mathematics (Berlin) ; 559.
QA3.L28 no. 559 [QA274.75] 510'.8s [531'.163]
76-54233

AMS Subject Classifications (1970): 81A12, 81A06, 60J60

ISBN 3-540-08052-X Springer-Verlag Berlin · Heidelberg · New York
ISBN 0-387-08052-X Springer-Verlag New York · Heidelberg · Berlin

Printed in Germany
Printing and binding: Beltz, Offsetdruck, Hemsbach/Bergstr.

A LOUIS DE BROGLIE

Ce livre traite des fondements de la mécanique quantique, et tente en particulier de montrer comment la loi fondamentale "$f = m\gamma$" émerge progressivement et l'origine "thermique" de la notion de force.

Je remercie Gérard Petiau pour nos longues conversations et ses patientes recherches bibliographiques, Colette Bloch pour sa collaboration, mon chat pour ses si coûteuses expériences sur les lois de la pesanteur, Maryvonne Raynaud pour avoir tapé ce texte avec une gentillesse à laquelle je n'ai pu qu'être sensible et un soin que tous les lecteurs apprécieront, et l'Editeur Springer pour avoir accepté d'insérer ce livre dans la série des Lecture Notes in Mathematics.

TABLE DES MATIERES

0 INTRODUCTION

1 PROBABILITES ET ESPERANCES

2 MESURE DE WIENER ET MOUVEMENT BROWNIEN

3 DIFFERENTIELLES ET INTEGRALES STOCHASTIQUES

4 DIFFUSIONS

5 LE MOUVEMENT BROWNIEN RELATIVISTE

6 EQUATIONS DE LAGRANGE ET DE HAMILTON

APPENDICES

0 INTRODUCTION

Le mouvement brownien a été décrit pour la première fois par le botaniste R. Brown en 1828, qui l'avait observé d'abord sur des substances organiques (en particulier le pollen de différentes plantes) puis sur des substances non organiques.

La description mathématique de ce mouvement commença en 1900. L. Bachelier donna d'abord la répartition en un nombre fini d'instants donnés d'un grain exécutant un mouvement brownien à une dimension, et A. Einstein en 1905-1906 publia trois articles respectivement sur le mouvement des petites particules suspendues dans un liquide stationnaire, sur la théorie du mouvement brownien, et sur une nouvelle détermination des dimensions moléculaires, fondés sur la théorie de la chaleur considérée comme théorie cinétique des molécules, conjecture confirmée depuis par les expériences de J. Perrin et de R.A. Millikan. Mais une théorie mathématique satisfaisante demandait la construction d'une mesure sur un espace de trajectoires, et c'est N. Wiener qui en 1923, à la suite de travaux de E. Borel et de H. Lebesgue, parvient à construire cette mesure qui porte maintenant son nom.

Cependant, ce mouvement brownien mathématique que pour préciser nous appellerons processus de Wiener et dont la définition repose sur l'application simplificatrice d'une loi des grands nombres, apparaît de ce fait à la fois semblable à et différent de ce qu'avait un siècle plus tôt observé Brown. Si les trajectoires de ce processus sont bien continues, par contre elles ne sont en aucun point dérivables et surtout sont de variation totale infinie et peuvent avoir des quotients $\Delta x/\Delta t$ (i.e. déplacement/temps) non bornés, ce qui correspond mal à l'idée que l'on peut a priori se faire de la trajectoire d'un corpuscule même soumis à un très grand nombre de chocs, et mal aussi aux conceptions relativistes.

L'objet de cet ouvrage est de montrer simplement comment néanmoins ce même processus de Wiener, adapté d'une manière naturelle à la structure de l'espace de Minkowski via la notion de diffusion à fronts d'onde, est régi par des lois dont la Mécanique quantique est une approximation.

0.1 MOUVEMENT BROWNIEN

Le botaniste R. Brown découvrit le mouvement brownien en été 1827, en observant au microscope des grains de pollen de l'ordre du micron en suspension dans l'eau. Il pensa d'abord expliquer ce phénomène par le fait que le pollen était constitué de matière vivante, mais il s'aperçut ensuite que des grains de matière inerte (bois pétrifié, verre, granite) se trouvaient aussi animés de ce même mouvement dès qu'ils étaient de cet ordre de grandeur.

Voici quelques-unes des observations que l'on fit ensuite sur le mouvement brownien :

(1) il ne cesse jamais (Cantoni et Oehl, 1865)

(2) plus la température du liquide est élevée, plus le mouvement est rapide (Exner, 1867)

(3) plus la particule est petite, plus le mouvement est rapide (Exner, 1867)

(4) plus le liquide est visqueux, plus le mouvement est lent (Gouy, 1888).

Comme les mouvements de deux particules voisines apparaissaient non corrélés , on écarta l'hypothèse que le mouvement était dû à des micro-courants du fluide. Et c'est Gouy qui le premier attribua le mouvement brownien à l'agitation thermique des molécules du liquide. Cependant, il est essentiel de noter que la plus petite particule visible au microscope est encore trop grande pour que la trajectoire brownienne telle qu'on l'observe soit l'effet direct des chocs reçus par les molécules, elle est en fait constituée des fluctuations de la résultante d'un très grand nombre de ces chocs. Aussi, lorsqu'en comparant l'énergie cinétique de la particule brownienne à celle de la molécule d'un gaz, Exner évalua l'énergie cinétique de cette particule à partir de sa vitesse observée, commit-il l'inévitable erreur : la vitesse observée est en fait de beaucoup inférieure à la vitesse réelle, car la trajectoire est constamment contrecarrée de tous les côtés même si son apparence est plutôt régulière.

Einstein, étudiant le mouvement brownien pour que l'on puisse vérifier la conjecture selon laquelle la théorie de la chaleur devait être considérée comme la théorie cinétique des molécules, corrigea cette erreur en abordant la question par trois raisonnements différents.

Dans ses deux premiers articles sur le mouvement brownien (1905,1906), il donne en effet par deux méthodes physiques différentes l'expression suivante du libre parcours moyen (effectué dans le temps t)

$$\lambda_x = \sqrt{2\,Dt} \qquad \text{avec} \qquad D = \frac{RT}{N}\,\frac{1}{6\pi kP}$$

d'une petite sphère soumise à l'agitation thermique des molécules d'un liquide. Le coefficient de diffusion D est exprimé en fonction de la constante R des gaz parfaits, du nombre d'Avogadro N, de la température absolue T et de la viscosité k du liquide, et du rayon P de la sphère. Dans le premier article, il calcule en s'appuyant sur les idées de Boltzmann (1872) la pression osmotique dérivant de l'énergie libre des particules browniennes, exprime qu'il y a équilibre dynamique entre la force résultant de cette pression et la force de pesanteur, et élimine cette dernière en faisant observer qu'elle confère aux sphères une vitesse limite (due à la viscosité du liquide) qu'il exprime aussi en fonction du coefficient de diffusion. Dans le second article, il exprime que le nombre de particules réparties selon la loi canonique de Boltzmann et entraînées par la force leur conférant une vitesse limite à franchir une abscisse donnée équilibre le nombre de particules réparties selon cette loi et entraînées à franchir cette abscisse par agitation thermique.

J. Perrin et ses élèves vérifièrent expérimentalement (1908) cette relation rendant d'ailleurs compte des propriétés (2) (3) (4) mentionnées ci-dessus, ce qui confirma la conjecture.

0.2 PROCESSUS DE WIENER

Si l'évaluation d'Exner était exacte, le libre parcours moyen λ_x devrait être de l'ordre de l'accroissement temporel t, alors que dans la relation ci-dessus il apparaît de l'ordre de $\sqrt{t}$, ce qui est paradoxal puisque le quotient λ_x/t devient infini lorsque $t\downarrow 0$. Aussi on trouve dans le premier article cité d'Einstein un troisième raisonnement par lequel il commence la construction du modèle mathématique du mouvement brownien, qu'on appellera le processus de Wiener, en donnant de ce processus la probabilité de répartition en un nombre fini d'instants fixés.

Voici un raisonnement analogue, où au lieu de déterminer la densité de la répartition comme solution de l'équation de la chaleur $\partial\rho/\partial t = D\,\partial^2\rho/\partial x^2$, on utilise directement une loi des grand nombres, à savoir le théorème de Laplace.

Imaginons un mobile se déplaçant sur la droite réelle en partant de l'origine à l'instant $t=0$ et en effectuant à chaque instant $t = k\Delta t$ $(k\geq 1)$ un saut de longueur $\pm\Delta x$ avec la même probabilité pour chaque direction. A l'instant $t>0$ sa position est donc

$$W_t = X_1+\ldots+X_{[t/\Delta t]}$$

où $[t/\Delta t]$ désigne la partie entière de $t/\Delta t$, et où $X_n (n\geq 1)$ désigne une suite de variables aléatoires indépendantes (sauts élémentaires dus aux chocs) ayant toutes la même répartition telle que $\text{Prob}\{X_n = +\Delta x\} = \text{Prob}\{X_n = -\Delta x\} = 1/2$, donc d'espérance nulle et de variance Δx^2.

D'après le théorème de Laplace, on aura donc lorsque l'instant t reste fixé mais que $\Delta t\downarrow 0$ de sorte que l'entier $[t/\Delta t]$, càd le nombre de chocs, augmente indéfiniment, et en supposant comme il apparaît maintenant nécessaire que $\Delta x^2/\Delta t$ tende vers une limite $2D$ fixe :

$$\text{Prob}\,\{a \leq W_t \leq b\} = \frac{1}{\sqrt{4\pi Dt}} \int_a^b \exp\left(-\frac{x^2}{4Dt}\right) dx$$

$$= \int_a^b \rho(t,x)\, dx\ .$$

Ainsi la variance λ_x^2 de l'accroissement infinitésimal $dW_t = W_{dt} - W_o$ dans l'intervalle temporel dt du processus de Wiener à partir de sa position initiale $W_o = 0$ est- elle bien égale à $2D\,dt$, ce que l'on écrira heuristiquement "$dW_t^2 = 2D\,dt$".

Mais cette probabilité de répartition à l'instant t est insuffisante pour définir le processus de Wiener. Il faut de plus supposer (ce que nous avons d'ailleurs déjà fait implicitement en considérant les variables aléatoires X_n indépendantes) que le processus évolue à partir de sa position W_t , atteinte à l'instant t , en probabilité comme il a évolué à partir de l'origine où il se trouvait à l'instant 0 . Ainsi en particulier la règle "$dW_t^2 = 2D\,dt$" est-elle générale, et non plus seulement valable au départ. et cette nouvelle hypothèse, donnant au processus de Wiener la propriété à chaque instant de "repartir à zéro", détermine la probabilité que sa position W_t soit dans les intervalles $[a_k,b_k]$ respectivement aux instants t_k $(1 \leq k \leq n)$, à savoir :

$$\text{Prob}\,\{a_1 \leq W_{t_1} \leq b_1\ ;\ldots;\ a_n \leq W_{t_n} \leq b_n\}$$

$$= \int_{a_1}^{b_1} \int_{a_2}^{b_2} \ldots \int_{a_n}^{b_n} \rho(t_1,x_1)\ \rho(t_2-t_1,x_2-x_1)\ldots\ \rho(t_n-t_{n-1},x_n-x_{n-1})$$

$$.\ dx_1\ dx_2 \ldots\ dx_n\ .$$

On peut alors démontrer (Wiener, 1923) que les deux hypothèses que l'on vient de faire, ou ce qui revient au même la formule précédente, déterminent entièrement la mesure de Wiener, càd la probabilité de répartition des trajectoires éventuelles qui apparaissent d'ailleurs (presque sûrement) nécessairement continues.

Naturellement, ce qui précède s'étend immédiatement au cas d'un mobile se déplaçant par exemple dans l'espace euclidien à trois dimensions, rapporté pour fixer les idées à un repère orthonormé (e_1, e_2, e_3), la position de ce mobile à l'instant $t \geq 0$ étant alors

$$W_t = W_t^1 e_1 + W_t^2 e_2 + W_t^3 e_3 .$$

On fait seulement l'hypothèse que les trois projections W_t^i $(i=1,2,3)$ sont des processus de Wiener sur l'axe correspondant, et que les probabilités de répartition de ces trois processus sont indépendantes les unes des autres. Il en résulte en particulier que l'on a alors

$$\text{Prob}\,\{a \leq W_t \leq b\} = \frac{1}{(4\pi Dt)^{3/2}} \int_a^b \exp\left(-\frac{|x|^2}{4Dt}\right) dx$$

$$= \int_a^b \rho(t,x)\, dx ,$$

où évidemment $a = (a_i)$, $b = (b_i)$ avec $i=1,2,3$, où de plus l'intégrale est triple avec $dx = dx_1\, dx_2\, dx_3$, où $|x|^2 = x_1^2 + x_2^2 + x_3^2$, et où ρ est maintenant solution de l'équation de la chaleur $\partial\rho/\partial t = D\Delta\rho$ où Δ désigne le laplacien. En effet, cette relation n'est autre que la relation suivante

$$\text{Prob}\,\{a \leq W_t \leq b\} = \prod_{i=1}^{3} \text{Prob}\,\{a_i \leq W_t^i \leq b_i\}$$

exprimant en particulier l'indépendance entre elles des probabilités de répartition des trois composantes.

0.3 DIFFUSIONS

On appelle diffusion (isotrope) un processus dont l'accroissement infinitésimal dX_t est la résultante de l'accroissement infinitésimal d'un processus de Wiener de coefficient de diffusion D et d'une translation infinitésimale $v_+\, dt$, le coefficient de diffusion D et la vitesse d'entraînement v_+ étant variables et fonctions (indéfiniment différentiables) du temps t et de la position X_t .

Réservant la notation W_t pour le processus de Wiener (d'accroissement infinitésimal dW_t) de coefficient de diffusion 1/2, le processus de Wiener de coefficient de diffusion D a alors un accroissement infinitésimal égal à $\sqrt{2D}\, dW_t$ (puisque son libre parcours moyen dans l'intervalle de temps dt est alors $\sqrt{2D}\,\sqrt{dt}$), et l'accroissement infinitésimal de la diffusion s'écrit alors

$$dX_t = \sqrt{2D}\, dW_t + v_+\, dt .$$

La diffusion la plus simple est donc le processus de Wiener W_t, pour lequel $D = 1/2$ et $v_+ = 0$, et pour lequel encore la règle heuristique s'écrit "$dW_t^2 = dt$". On obtient immédiatement d'autres diffusions en prenant l'image $X_t = f(W_t)$ de ce processus de Wiener par une fonction f indéfiniment différentiable. L'accroissement fini d'une telle diffusion est d'après la formule de Taylor

$$f(W_t) - f(W_s) = f'(W_s)(W_t-W_s) + \frac{1}{2} f''(W_s)(W_t-W_s)^2 + \ldots ,$$

et si la fonction $t \to W_t$ était une fonction (indéfiniment différentiable) ordinaire, on aurait aussi

$$f(W_t) - f(W_s) = \int_s^t f'(W_u)\, dW_u ,$$

mais une telle relation n'est plus valable ici. En fait la différentielle de l'accroissement fini $f(W_t) - f(W_s)$ est

$$dX_t = f'(W_t)dW_t + \frac{1}{2} f''(W_t)dt ,$$

le terme inattendu au second membre venant de l'application dans le développement taylorien ci-dessus de la règle fondamentale du calcul différentiel stochastique "$dW_t^2 = dt$" contractant le terme du second ordre $\frac{1}{2} f''(W_s)(W_t-W_s)^2$ en un nouveau terme du premier ordre. Et on peut alors démontrer (K. Ito, 1944) qu'au lieu d'être donné par l'intégrale ci-dessus, l'accroissement fini satisfait effectivement à la relation

$$f(W_t)-f(W_s) = \int_s^t \left[f'(W_u)dW_u + \frac{1}{2} f''(W_u)du\right]$$

où l'intégrale (en dW_u) au second membre est une intégrale stochastique au sens de Ito.

Quant à la diffusion générale solution de l'équation différentielle stochastique

$$dX_t = \sqrt{2D(X_t)}\, dW_t + v_+(X_t)dt ,$$

elle se construit par approximations successives à partir de la condition initiale X_o en posant inductivement $(k \geq 0)$

$$X_t^{k+1} = X_o + \int_0^t \left[\sqrt{2D(X_u^k)}\, dW_u + v_+(X_u^k)\, du\right]$$

avec $X_u^o = X_o$, l'intégrale (en dW_u) au second membre étant une intégrale stochastique au sens de Ito, et on établit l'existence et l'unicité de la limite $X_t (t \geq 0)$ solution de l'équation intégrale stochastique

$$X_t = X_o + \int_0^t \left[\sqrt{2D(X_u)}\, dW_u + v_+(X_u)\, du\right] .$$

En bref, les fonctions D et v_+ ci-dessus jouent vis-à-vis du processus de diffusion $X_t (t \geq 0)$ le même rôle que la dérivée d'une fonction ordinaire. Leur donnée ajoutée à la donnée d'une condition initiale X_o permet la détermination de $X_t (t \geq 0)$, de même que la valeur $f(t)$ de la fonction f est donnée par la relation

$$f(t) = f(0) + \int_0^t f'(u)\, du .$$

Pour cette raison, on appellera le couple (D, v_+) la dérivée (à droite) de la diffusion $X_t (t \geq 0)$

0.4 DIFFUSIONS A FRONTS D'ONDE

La diffusion isotrope solution de l'équation différentielle stochastique

$$dX_t = \sqrt{2D}\, dW_t + v_+\, dt$$

est encore solution de l'équation différentielle stochastique

$$dX_t = \sqrt{2D}\, dW_t - v_-\, dt$$

à la condition d'effectuer l'intégration stochastique vers les temps décroissants et non plus comme ci-dessus vers les temps croissants. En d'autres termes le couple (D,v_+) joue le rôle d'une dérivée à droite tandis que le couple (D,v_-) joue le rôle d'une dérivée à gauche. Posons $D = \hbar/2M$, définissant ainsi la masse $M(>0)$ de la diffusion. C'est alors un fait général que la variation locale de l'entropie $\log \rho D$ de cette diffusion est (au facteur $-2/\hbar$ près) une formme différentielle exacte ω_1 telle que

$$\omega_1 = \langle M\partial v,\, dx\rangle - E_{osm}\, dt = \frac{\hbar}{2}\, d(\log \rho D)$$

où $\langle\, ,\, \rangle$ désigne le produit scalaire, où $\partial v = 2^{-1}(v_+ - v_-)$ et où E_{osm} est une énergie osmotique.

Le processus de Wiener dans l'espace à trois dimensions a par exemple une variation locale d'entropie telle que

$$\omega_1 = \langle M\partial v,\, dx\rangle - E_{osm}\, dt = \frac{\hbar}{2}\, d(\log \rho D)$$

avec $M = \hbar$, $\partial v = -x/2t$ et $E_{osm} = (|x|^2 - 3t)/4t^2$ où $x = (x_1, x_2, x_3)$ et $|x|^2 = \langle x,x\rangle = x_1^2 + x_2^2 + x_3^2$. Mais puisque $v_+ = 0$, il en résulte d'une part que $v_- = x/t$ de sorte que le processus de Wiener présente dans l'espace-temps deux foyers, et d'autre part que la forme différentielle (donnant sa variation locale de pression osmotique et donc) associée à sa variation locale d'énergie libre

$$\omega_2\ (= -\omega_1) = \langle Mv, dx\rangle - E dt = -\frac{\hbar}{2}\, d(\log \rho D)\ ,$$

avec $v = 2^{-1}(v_+ + v_-)$ et $E = -E_{osm}$, est elle aussi exacte, de sorte que le processus de Wiener est une diffusion ayant des fronts d'onde. Voyons ces deux propriétés en détail :

Que $v_+ = 0$ vient du fait qu'à partir de $W_t = x$ le processus de Wiener a un accroissement moyen nul, de sorte que sa "trajectoire moyenne" après l'instant t fixé (i.e. la trajectoire de sa position moyenne après l'instant t lorsque $W_t = x$) est une demi droite issue de (t,x) parallèle à l'axe des temps et convergeant donc vers le foyer $(\infty,0)$.

Que $v_- = x/t$ vient du fait que si remonte à partir de $W_t = x$ les trajectoires du processus de Wiener dans le sens des temps décroissants, on subit en moyenne dans l'intervalle de temps $-dt$ une dérive $-v_- dt$

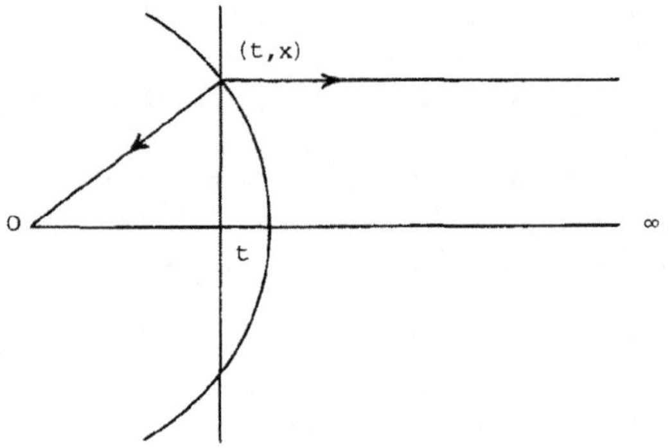

dirigée vers l'origine $(0,0)$ telle que l'on parcourt en moyenne la distance $-x$ dans le temps t. Ainsi la "trajectoire moyenne" avant l'instant t (i.e. la trajectoire de la position moyenne avant l'instant t lorsque $W_t = x$) est un segment de droite issu de (t,x) et convergeant vers le foyer $(0,0)$.

Et que le processus de Wiener présente des fronts d'onde est dès lors évident. En fait la vitesse moyenne $v = 2^{-1}(v_+ + v_-)$ satisfait à la "formule de guidage" (donnée par Einstein dans le cas où cette vitesse moyenne est assimilée à la vitesse limite d'une petite sphère soumise à l'agitation thermique des molécules d'un liquide)

$$Mv = - \text{grad} \left(\frac{\hbar}{2} \log \rho D\right) ,$$

les courbes intégrales du champ des vitesses moyennes v constituant les rayons de cette diffusion.

Observons alors deux choses :

D'abord, que cette propriété qu'a le processus de Wiener de "repartir à zéro" exprime davantage que la propriété de Markov, puisqu'elle exprime implicitement le fait que deux particules voisines sont sans interaction apparente. Qu'en d'autres termes, le processus de Wiener n'échange de la chaleur qu'avec un thermostat dont la température est constante.

Ensuite, que le processus de Wiener n'ayant pas d'action sur lui-même ne peut donner des interférences.

Mais une diffusion peut aussi bien présenter des fronts d'onde lorsque par action sur elle-même un équilibre thermique local s'établit, et que la turbulence ayant cessé la forme différentielle ω_2 devient ainsi exacte.

On définira alors la fonction d'onde en posant $\psi = \exp(R+iS)$ où $\omega_1 = d\hbar R$ et $\omega_2 = d\hbar S$, de sorte que $|\psi|^2 = \rho D$. Inversement, la donnée de la fonction d'onde ψ implique la connaissance des fonctions R et S qui elle-même implique la connaissance de Mv , $M\partial v$ et D , et donc en particulier de la dérivée à droite (D, v_+) de la diffusion ainsi que la probabilité de sa répartition initiale : en d'autres termes, la donnée de la fonction d'onde ψ détermine entièrement la diffusion.

Il est par exemple aisé d'identifier $D(= \hbar/2M$ où la masse M est constante), E, E_{osm} , etc dans le cas où ψ est solution de l'équation de Schrödinger $i\partial\psi/\partial t = -D\psi$. Rappelons seulement que dans ce cas, la fonction d'onde associée à une diffusion stationnaire est encore solution de l'équation $- \hbar D\Delta\psi = E\psi$.

0.5 MOUVEMENT BROWNIEN RELATIVISTE

Considérons alors une diffusion dans l'espace de Minkowski d'élément générique $q = (q^o = ict, q^j)$, la position de cette diffusion à l'instant t étant $X_t = (X_t^o = ic\, T_t, X_t^j)$ où $j = 1,2,3$. Nous faisons donc la distinction entre le temps paramètre t et le temps aléatoire T_t. Si nous exprimons que cette diffusion présente des fronts d'onde (ce qui revient à dire que localement elle se comporte comme le processus de Wiener mais que par action sur elle-même l'équilibre thermique devient global), alors les deux formes différentielles ω_1 et ω_2 sont exactes. Si on exprime de plus que la répartition de cette diffusion est stationnaire par rapport au temps paramètre t, alors cette variable se sépare et les formes différentielles ω_1 et ω_2 peuvent être tronquées (le temps paramètre n'y figurant plus) en

$$\omega_1 = \langle M\partial v, dq\rangle = \frac{\hbar}{2}\, d(\log \rho D)\ (= d\hbar R)$$

$$\omega_2 = \langle Mv, dq\rangle\ (= d\hbar S)\ ,$$

où $\langle , \rangle$ désigne ici le produit scalaire dans l'espace de Minkowski et où $D = \hbar/2M$ définit la masse $M>0$ de la diffusion, la fonction d'onde tronquée $\psi = \exp(R+iS)$ étant telle que $|\psi|^2 = \rho D$ avec $\text{Prob}\,\{X_t \in dq\} = \rho(q)\,dq$ où $dq = c\, dq^1\, dq^2\, dq^3 dt$.

Pour définir le mouvement brownien relativiste, il reste encore une hypothèse à faire. Jusqu'ici, l'espace de Minkowski est traité comme l'espace euclidien à quatre dimensions, sans faire intervenir la torsion minkowskienne. Nous imposons maintenant que la composante temporelle de la vitesse moyenne $v = (v^o, v^j)$ est telle que

$$v^o = 2^{-1}(v_+^o + v_-^o) = ic\ ,$$

de sorte que la vitesse moyenne de T_t soit égale à 1, la dérive $T_t - t$ étant ainsi nulle en moyenne.

On peut alors montrer qu'au voisinage de l'équilibre thermique on a la formule de masse

$$<Mv, Mv> + m_o^2 c^2 = Q ,$$

où m_o est la masse propre constante de la diffusion et où Q est un terme de fluctuation, et que si on pose $Q = \hbar^2 e^{-R} \Box e^R$ où $\Box$ est le d'Alembertien, alors la fonction d'onde $\psi = \exp(R+iS)$ est solution de l'équation d'onde

$$\Box \psi = \frac{m_o^2 c^2 - U}{\hbar^2} \psi .$$

Ainsi, à toute diffusion voisine de l'équilibre thermique correspond une équation d'onde perturbée de l'équation de Klein-Gordon, laquelle joue donc un rôle central, cependant que par correspondance les hamiltoniens quadratiques apparaissent alors comme étant les plus probables. Mais le terme U peut perturber la masse propre constante m_o, soit explicitement pour exprimer une variation d'indice, ou même implicitement s'il est fonction de la fonction d'onde jusqu'à obtenir alors des équations d'onde non linéaires et des hamiltoniens non quadratiques. On peut même mettre ainsi en défaut la relation classique de commutation $[p,q] = i\hbar$. Plus précisément, à l'observable Mv on peut toujours faire correspondre l'opérateur $\frac{\hbar}{i} \frac{\partial}{\partial q}$ au niveau de la forme quadratique $<p-A, p-A>_M$, mais éventuellement d'autres au niveau du terme de perturbation selon le rôle qu'y joue cette observable, de sorte que l'axiomatique classique de la mécanique quantique n'est ici qu'une approximation simplificatrice.

Ce qui précède s'étend au cas d'une diffusion soumise à un mouvement d'entraînement par introduction d'un champ extérieur. La forme ω_1 reste formellement inchangée, mais la forme ω_2 se translate en

$$\omega_2 = <Mv+A, dq> \; (= d\hbar S) ,$$

l'exactitude de cette forme exprimant que l'existence des fronts d'onde est due à une interaction thermique entre la diffusion et le champ, tandis que l'équation d'onde ci-dessus se translate elle-même en

$$- \Sigma (\frac{\hbar}{i} \partial_\mu - A_\mu)(\frac{\hbar}{i} \partial_\mu - A_\mu)\psi = (m_o^2 c^2 - U) \psi .$$

0.6 CLASSIFICATION DES EQUATIONS D'ONDE

Nous venons de dire que les hamiltoniens quadratiques sont les plus naturels parcequ'ils correspondent aux diffusions les moins perturbées. Voici une classification des principaux hamiltoniens quadratiques, ils impliquent des produits scalaires sur des groupes de Lie : N, M, SU(2), SL(2,C), etc... où N est le groupe des translations dans l'espace euclidien (i.e. l'espace euclidien lui-même) à trois dimensions, M l'espace de Minkowski, SU(2) le (revêtement universel du) groupe des rotations dans l'espace euclidien N , et SL(2,C) le (revêtement universel du) groupe des rotations dans l'espace de Minkowski M . La correspondance entre groupes et équations d'onde est alors la suivante :

N	Schrödinger
N × SU(2)	Pauli
M	Klein-Gordon
M × SL(2,C)	Dirac
M × SL(2,C) × SL(2,C)	Maxwell (avec masse)

Chacun de ces produits scalaires peut être "translaté" par un champ extérieur. Par exemple le hamiltonien $H = \frac{1}{2m} \langle p,p \rangle_N$ correspondant à l'équation de Schrödinger peut être translaté en $H-V = \frac{1}{2m} \langle p-A, p-A \rangle_N$ avec d'ailleurs eV au lieu de V et $\frac{e}{c} A$ au lieu de A dans le cas de l'électron. Par exemple encore, la relation énergétique $\langle p,p \rangle_M + m_o^2 c^2 = 0$ avec $p = Mv$ associée à l'équation de Klein-Gordon se translate en $\langle p-A,p-A \rangle_M + m_o^2 c^2 = 0$ avec ici $p = Mv+A$. Voici alors comment on doit préciser le tableau précédent :

$H = \frac{1}{2m} \langle p,p \rangle_N$	Schrödinger
$H-V = \frac{1}{2m} \langle p-A,p-A \rangle_N$	Schröd. translat.
$H-eV = \frac{1}{2m} \langle p- \frac{e}{c} A \rangle_N^2 + \frac{1}{2I} \langle s- \frac{I}{c} H \rangle_{SU}^2$	Pauli
$\langle p,p \rangle_M + m_o^2 c^2 = 0$	Klein-Gordon
$\langle p-A,p-A \rangle_M + m_o^2 c^2 = 0$	K.G. translat.
$\langle p,p \rangle_M + \langle s,s \rangle_{SL} + m_o^2 c^2 = 0$	Dirac
$\langle p- \frac{e}{c} A \rangle_M^2 + \langle s- \frac{e}{c} F \rangle_{SL}^2 - \frac{e^2}{c^2} \langle F \rangle_{SL}^2 + m_o^2 c^2 = 0$	Dirac translat.

où $< >^2$ est écrit abréviativement pour $< , >$. Il reste à préciser un point en ce qui concerne les équations spinorielles (Pauli et Dirac). La fonction d'onde ψ déterminant une diffusion stationnaire sur $N\times SU(2)$ dont la rotation est invariante par translation dans M se met sous la forme

$$\psi = \psi_+ \otimes e_+ + \psi_- \otimes e_-$$

où les fonctions ψ_+ , ψ_- sont définies sur N et les fonctions e_+ , e_- sont définies sur $SU(2)$. Cette séparation des variables de translation et de rotation conduit à ne considérer que le spineur $\psi = \binom{\psi_+}{\psi_-}$ défini sur N et solution de l'équation spinorielle de Pauli. Semblablement, la fonction d'onde déterminant une diffusion stationnaire sur $M\times SL(2,C)$ avec rotation invariante par translation se met sous la forme

$$\psi = \psi_{++} \otimes e_{++} + \psi_{+-} \otimes e_{+-} + \psi_{-+} \otimes e_{-+} + \psi_{--} \otimes e_{--}$$

où les fonctions $\psi_{\pm\pm}$ sont définies sur M et les fonctions $e_{\pm\pm}$ sont définies sur $SL(2,C)$, cette séparation des variables conduisant à ne considérer que le spineur

$$\psi = \begin{pmatrix} \psi_{++} \\ \psi_{+-} \\ \psi_{-+} \\ \psi_{--} \end{pmatrix}$$

qui est défini sur M et solution de l'équation de Dirac.

0.7 PRINCIPE DE CORRESPONDANCE

Lorsqu'on fait tendre la constante $\hbar$ vers 0 , on peut démontrer que l'équation d'onde tend vers l'équation de Hamilton-Jacobi correspondante. Par exemple l'équation de Schrödinger

$$\frac{\hbar}{i}\ \frac{\partial\psi}{\partial t} = \frac{\hbar^2}{2m}\,\Delta\psi + V ,$$

qui en posant $\psi = \sqrt{\rho}\, \exp\left(\frac{i}{\hbar} S\right)$ devient en séparant la partie réelle de la partie imaginaire

$$\frac{\hbar^2}{2m} \Delta\sqrt{\rho} + \frac{\partial S}{\partial t} + \frac{1}{2m} (\text{grad } S)^2 + V = 0$$

$$\frac{\partial \rho}{\partial t} + \text{div } (\rho \frac{1}{m} \text{grad } S) = 0 ,$$

se réduit lorsque $\hbar \downarrow 0$ aux deux équations

$$\frac{\partial S}{\partial t} + H\ (x, \text{grad } S) = 0$$

$$\frac{\partial \rho}{\partial t} + \text{div } (\rho \frac{1}{m} \text{grad } S) = 0$$

avec $H(x,p) = \frac{|p|^2}{2m} + V(x)$. Supposons de plus que ce dernier système ait une solution unique. Alors il résulte d'un théorème maintenant classique (dû à Y. Prohorov) sur la convergence des mesures sur l'espace des trajectoires continues que la diffusion associée à l'équation de Schrödinger converge vers le processus régi par ce système. C'est là un fait général, sauf dans des cas pathologiques (croisement de trajectoires au même instant, choc), on trouve lorsque $h \downarrow 0$ un processus régi par une équation de Hamilton-Jacobi.

En théorie de Hamilton-Jacobi, toutes les observables (masse, vitesse etc...) sont exprimées explicitement en fonction du point de l'espace dans lequel s'effectue le mouvement (N,M, etc...) ou comme on dira brièvement, y sont factorisées à travers les coordonnées de cet espace. Si on défactorise alors les équations du mouvement (lesquelles deviennent ainsi implicites au lieu d'être explicites) on trouve les équations de Hamilton de la mécanique classique, la forme ω_2 s'identifiant à la forme de Poincaré-Cartan qui n'est plus exacte, mais seulement invariante en ce sens que l'intégrale

$$\int_{\partial S} \omega_2 ,$$

où ∂S est la courbe (fermée) frontière d'une surface quelconque S , est invariante dans le mouvement, de sorte que par le théorème de Stokes il en est d'ailleurs de même de l'intégrale

$$\int_S d\omega_2 \quad ,$$

où $d\omega_2$ désigne la différentielle extérieure de ω_2 .

De même, toutes les observables d'une diffusion factorisent à travers les coordonnées de l'espace dans lequel elle s'effectue. Et comme de l'existence des fronts d'onde résulte que les trajectoires moyennes ,courbes intégrales du champ des vitesses moyennes $v = 2^{-1}(v_+ + v_-)$, sont solutions des équations variationnelles de Lagrange associées à un lagrangien défini à partir de la forme ω_2 , on peut encore défactoriser ces équations pour construire de nouvelles diffusions dont la forme ω_2 n'est plus nécessairement exacte, mais seulement invariante au sens ci-dessus dans la direction définie par le champ des vitesses moyennes. En d'autres termes, ces diffusions sont des condensations en particules ponctuelles se déplaçant selon les équations de Lagrange qui ne présentent plus nécessairement de fronts d'onde. On définit ainsi une Mécanique Brownienne, le principe de correspondance étant maintenant :

$$\begin{array}{ccc}
\text{Méca. Brownienne} & \xrightarrow{\hbar \downarrow 0} & \text{Méca. Classique} \\
\uparrow\downarrow & & \uparrow\downarrow \\
\text{Méca. Quantique} & \xrightarrow{\hbar \downarrow 0} & \text{Th. de Hamilton-Jacobi}
\end{array}$$

0.8 ONDE BROGLIENNE

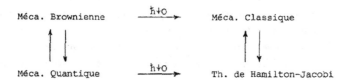

Cependant, dans cette correspondance, le fait essentiel à l'échelle quantique reste que la particule passe de l'état d'onde à l'état ponctuel. Il y a donc une différence essentielle entre le processus de Wiener et le mouvement brownien relativiste : dans le premier la trajectoire est décrite par la particule ponctuelle tandis que dans le second la trajectoire est au niveau quantique sans réalité physique, la particule à ce niveau étant constituée de l'onde elle-même (ou d'une partie de l'onde). Ainsi la trajectoire du mouvement brownien relativiste n'a de réalité tout au plus qu'au niveau subquantique, mais elle reste liée d'après un théorème dû à P. Lévy au coefficient de diffusion, càd à la masse de la particule, ce que l'on peut rapprocher du fait que la température de l'onde broglienne est elle-aussi caractérisée par la masse.

Cette différence entre le processus de Wiener et le mouvement brownien relativiste avait d'ailleurs été déjà signalée : le processus de Wiener n'a pas d'action sur lui-même, il n'échange de la chaleur qu'avec un thermostat dont la température est constante, tandis que le mouvement brownien relativiste présente des fronts d'onde parce que par action sur lui-même un équilibre thermique s'établit. On peut donc conjecturer que l'interaction de deux ondes brogliennes est elle-même essentiellement un processus thermique.

0.9 CONCLUSION

Le formalisme précédent, présenté dans une série de Notes aux Comptes Rendus et qui peut s'adapter au cas de variétés de dimension infinie en utilisant la technique des espaces de Wiener abstraits, retrouve donc les thèses de la thermodynamique cachée des particules en donnant du mouvement brownien relativiste une définition qui repose sur des considérations de thermodynamique classique auxquelles on impose la torsion minkowskienne, de même par exemple que le calcul différentiel stochastique repose sur le calcul différentiel classique auquel on impose la torsion "$dW_t^2 = dt$" selon laquelle le déplacement moyen est proportionnel à la racine carrée de l'accroissement temporel.

I PROBABILITES ET ESPERANCE

Le but de ce chapitre est de préciser les fondements logiques de la théorie que nous allons exposer, et dans le même temps de fixer le vocabulaire et les notations que nous utiliserons.

1.1. ALGEBRES ET σ-ALGEBRES D'ENSEMBLES

Une collection d'objets considérée comme un tout est appelée un *ensemble*. Les objets constituant cet ensemble sont appelés les *éléments* de l'ensemble. Les ensembles seront désignés par des lettres capitales $A, B, \Omega, \ldots$ et leurs éléments par des lettres minuscules, $a, b, \omega, \ldots$ Si l'élément a est contenu dans l'ensemble A, on écrira $a \in A$; s'il n'est pas contenu dans l'ensemble A, on écrira $a \notin A$.

Si tout élément de A est contenu dans B on écrira $A \subset B$ et on dira que A est un *sous ensemble* de B. Si $A \subset B$ et $B \subset A$ on écrira $A = B$.

L'ensemble $A \cup B$ est constitué des éléments qui appartiennent soit à A ou à B, ou aux deux. On l'appelle la *réunion* de A et de B. L'ensemble $A \cap B$ est constitué des éléments qui appartiennent à la fois à A et à B. On l'appelle *l'intersection* de A et de B.

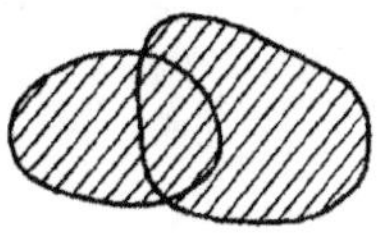

$A \cup B$

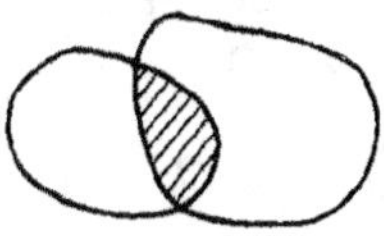

$A \cap B$

Si A est un sous-ensemble d'un ensemble Ω (on dit encore une partie de Ω) on désigne par A^c (relativement à Ω) l'ensemble de tous les éléments de Ω qui n'appartiennent pas à A , et on l'appelle le complémentaire de A .

Un sous-ensemble d'un ensemble Ω peut être défini par une certaine propriété P; l'ensemble A constitué de tous les éléments de Ω ayant la propriété P s'écrit

$$A = \{\omega : P(\omega)\} \quad \text{ou plus brièvement} \quad A = \{P\} ,$$

tandis que le complémentaire A^c de A est déterminé par la propriété contraire, de sorte qu'on désigne A^c aussi comme le contraire de A . S'il n'existe aucun élément ayant la propriété P , on dit que cet ensemble est vide et on le désigne par $\emptyset$. Pour tout sous-ensemble $A \subset \Omega$ on a toujours

$$\emptyset \subset A \ , \emptyset \cup A = A \ , \emptyset \cap A = \emptyset \ , \ \emptyset^c = \Omega$$

Si deux ensembles A et B sont tels que $A \cap B = \emptyset$, on dit qu'ils sont disjoints, et leur réunion dite "disjointe" s'écrit alors comme une somme $A + B$ au lieu de $A \cup B$.

Une collection de sous-ensembles d'un ensemble Ω est appelée une classe. Les classes que nous utiliserons essentiellement sont les algèbres de Boole et les σ-algèbres de Boole.

Une classe $\mathcal{A}$ de sous-ensembles d'un ensemble Ω est une algèbre de Boole si $\emptyset \in \mathcal{A}$ et si lorsque $A \in \mathcal{A}$ et $B \in \mathcal{A}$ on a encore nécessairement $A \cup B \in \mathcal{A}$ et $A^c \in \mathcal{A}$.

Par conséquent, si $\mathcal{A}$ est une algèbre de Boole de sous-ensembles de Ω , alors $\emptyset \in \mathcal{A}$ et $\Omega \in \mathcal{A}$; et si de plus $A_1, \ldots, A_n$ est une collection finie de sous-ensembles de $\mathcal{A}$, alors

$$\bigcup_{i=1}^{n} A_i \in \mathcal{A} \quad \text{et} \quad \bigcap_{i=1}^{n} A_i \in \mathcal{A},$$

avec $\bigcup_{i=1}^{n} A_i = A_1 \cup A_2 \cup \ldots \cup A_n$ et $\bigcap_{i=1}^{n} A_i = A_1 \cap A_2 \cap \ldots \cap A_n$

Une <u>σ-algèbre de Boole</u> de sous-ensembles de Ω est une algèbre de Boole telle que, pour toute suite dénombrable A_i $(i=1,2,\ldots)$ d'ensembles appartenant à $\mathcal{A}$, on a

$$\bigcup_{i\geq 1} A_i \in \mathcal{A}, \text{ et donc encore } \bigcap_{i\geq 1} A_i \in \mathcal{A}.$$

Si $\mathcal{C}$ est une classe quelconque de sous-ensembles de Ω, il existe une plus petite algèbre de Boole contenant la classe d'ensembles $\mathcal{C}$. Pour le voir, il suffit d'observer que la classe de tous les sous-ensembles de Ω constitue une algèbre de Boole contenant la classe $\mathcal{C}$. Observant alors que toute intersection d'algèbres de Boole est encore une algèbre de Boole, l'intersection de la famille (non vide) constituée de toutes les algèbres de Boole contenant la classe $\mathcal{C}$ est alors nécessairement la plus petite algèbre de Boole contenant $\mathcal{C}$.

De la même manière, on constate l'existence d'une plus petite σ-algèbre de Boole contenant la classe $\mathcal{C}$. On note cette σ-algèbre $\sigma(\mathcal{C})$ et on dit qu'elle est <u>engendrée</u> par $\mathcal{C}$.

En voici un exemple important : Les ensembles <u>boreliens</u> de la droite réelle R sont les ensembles appartenant à la σ-algèbre de Boole engendrée par les intervalles de R. On peut montrer que cette σ-algèbre des boreliens de R est déjà entièrement engendrée par les intervalles fermés d'extrémités rationnelles, càd par les intervalles de "centre" rationnel et de "rayon" rationnel.

Plus généralement, la σ-algèbre des ensembles boreliens de $R^d = R \times \ldots \times R$ (d fois) est engendrée par les boules fermées $\{x : |x-a| \leq r\}$ (avec $|x|^2 = |x_1|^2 + \ldots + |x_d|^2$) de centre a et de rayon r, les coordonnées $(a_1, \ldots, a_d)$ de a et le rayon r étant rationnels.

Plus généralement encore, si Ω est un espace métrique complet séparable (càd possédant un sous-ensemble D dénombrable partout dense, comme par exemple l'ensemble des rationnels pour la droite réelle), la σ-algèbre des ensembles boreliens est engendrée par les boules fermées $\{x : |x-a| \leq r\}$ avec $a \in D$ et r rationnel.

Tous les ensembles ouverts, et tous les ensembles fermés sont des boreliens. Tout ensemble dénombrable est borelien.

1.2. ESPACES DE PROBABILITE

Soit maintenant Ω un ensemble dont les éléments $\omega \in \Omega$ seront appelés des épreuves (on pourrait dire aussi bien des éventualités). On appellera (provisoirement) événement tout sous-ensemble de Ω, et on dira que l'épreuve $\omega \in \Omega$ réalise (ne réalise pas) l'événement A lorsque $\omega \in A$ ($\omega \notin A$). On appellera encore (et provisoirement) variable aléatoire (v.a.) toute fonction définie sur Ω .

Si cette fonction est à valeurs réelles, on dira que la v.a. est réelle, en d'autres termes toute fonction $X : \Omega \to R$ (lire: définie sur Ω , à valeurs dans la droite réelle R) est une v.a. réelle. Il est d'ailleurs parfois nécéssaire d'adjoindre à R les limites $+\infty$ et $-\infty$, on désigne alors par $\bar{R}$ l'ensemble ainsi obtenu, une v.a. réelle $X : \Omega \to \bar{R}$ pouvant alors prendre éventuellement les valeurs $+\infty$ et $-\infty$.

Par exemple, prenons pour Ω l'ensemble de toutes les fonctions $\omega :(0,\infty) \to R$ (lire : définies sur l'intervalle $(0,\infty)$, à valeurs dans la droite réelle R sans les points $\pm\infty$) continues, et nulles à l'origine, càd telles que $\omega(0) = 0$. L'ensemble de ces fonctions apparaît comme l'ensemble Ω des trajectoires éventuelles d'un mobile dont on sait qu'il se déplace d'une manière continue en partant de 0 à l'instant $t = 0$. La v.a. $X_t : \Omega \to R$ (où l'instant $t > 0$ est fixé) telle que $X_t(\omega) = \omega(t)$ n'est alors autre que la position du mobile à l'instant t . Pour tout nombre réel a fixé, l'ensemble $\{\omega : X_t(\omega) \leq a\}$ que l'on notera brièvement $\{X_t \leq a\}$ est l'événement constitué des épreuves (i.e. des trajectoires) ω pour lesquelles la position $X_t(\omega)$ du mobile à l'instant t est au plus égale à a . Les événements plus complexes

$$\bigcap_{0 \leq t \leq 1} \{X_t \leq a\} \qquad \text{et} \qquad \bigcup_{0 \leq t \leq 1} \{X_t \geq a\}$$

sont alors constitués des épreuves pour lesquelles la position du mobile jusqu'à l'instant t est respectivement toujours au plus égale à a, et au moins une fois au moins égale à a.

Parmi les événements, càd parmi les sous-ensembles de l'espace des épreuves Ω, il y en a de fondamentaux en ce sens que l'on se donne à priori, d'une manière naturelle, leur probabilité. La classe $\mathcal{C}$ de ces événements fondamentaux (constitue en général presque, et en tout cas) engendre une algèbre de Boole $\mathcal{B}$ de sous-ensembles de Ω dont on connaît ainsi, par des opérations élémentaires (additions, soustractions), la probabilité. Cette probabilité définie sur $\mathcal{B}$ est alors prolongée par continuité à des événements d'une structure plus complexe, en fait à tous les événements constituant la σ-algèbre de Boole $\mathcal{A}$ engendrée par $\mathcal{B}$ (et donc par $\mathcal{C}$). On obtient ainsi un triple $(\Omega,\mathcal{A},P)$ appelé <u>espace de probabilité</u>, et constitué d'un espace d'épreuves Ω, d'une σ-algèbre $\mathcal{A}$ de sous-ensembles de Ω, et d'une probabilité définie sur $\mathcal{A}$.

Par exemple, pour tout couple $a<b$ de nombres réels, et pour tout instant $t>0$ fixé, posons

$$P\{a\leq X_t\leq b\} = \frac{1}{\sqrt{2\pi t}} \int_a^b \exp\left(-\frac{x^2}{2t}\right) dx$$

relation qu'on lira : "Probabilité pour qu'à l'instant $t>0$ fixé la position du mobile soit comprise entre a et b égale etc...". Les événements $\{a\leq X_t\leq b\}$ où le couple $a<b$ et l'instant $t>0$ sont quelconques seront ici des événements fondamentaux. Ils ne constituent pas une algèbre de Boole de sous-ensembles de Ω, mais presque (il suffit pour obtenir l'algèbre de Boole $\mathcal{B}$ qu'ils engendrent de leur adjoindre $\emptyset,\Omega$, leurs complémentaires, les intersections finies des ensembles ainsi obtenus, enfin les sommes finies des ensembles ainsi obtenus) et leur probabilité ne détermine pas entièrement la probabilité de tout événement dans $\mathcal{B}$. Mais en ajoutant l'hypothèse du "starting afresh" on en déduira la probabilité de toutes les intersections finies

$$\bigcap_{i=1}^{n} \{a_i\leq X_{t_i}\leq b_i\}$$

qui apparaissent comme les événements fondamentaux : la probabilité de tout événement dans $\mathcal{B}$ est maintenant déterminée et apparaît élémentaire à calculer, élémentaire signifiant qu'aucun passage à la limite n'est maintenant nécessaire dans le calcul de la probabilité des événements non fondamentaux de $\mathcal{B}$. Mais en effectuant au besoin des passages à la limite, on pourra définir la probabilité de tous les boreliens de l'ensemble Ω sur lequel on aura défini une topologie d'espace métrique complet séparable, de sorte qu'ici $\mathcal{A}$ sera la σ-algèbre des boreliens de Ω , et la probabilité obtenue sur $\mathcal{A}$ sera la mesure de Wiener.

Afin de mieux poser ce problème de prolongement, donnons d'abord la définition suivante d'une probabilité :

<u>Définition</u> 1.1.1 (Probabilité sur une algèbre de Boole). On appelle probabilité sur une algèbre de Boole $\mathcal{B}$ de sous-ensembles de Ω toute application $P : \mathcal{B} \to [0,1]$ (lire : définie sur $\mathcal{B}$, à valeurs dans $[0,1]$) jouissant des propriétés suivantes :

(1) (Normalisation) $P(\Omega) = 1$

(2) (Additivité finie) Pour toute famille finie $(A_i)_{1\leq i\leq n}$ d'événements 2 à 2 disjoints, on a

$$P\left(\sum_{i=1}^{n} A_i\right) = \sum_{i=1}^{n} P(A_i)$$

(3) (Continuité séquentielle monotone en $\emptyset$) Pour toute suite monotone décroissante $A_1 \supset A_2 \supset \ldots \supset A_n \supset A_{n+1} \ldots$ d'intersection vide, càd t.q. $\bigcap_{n\geq 1} A_n \ (= \lim_{n\uparrow\infty} \downarrow A_n) = \emptyset$, on a

$$\lim_{n\uparrow\infty} \downarrow P(A_n) = 0 \ (= P(\lim_{n\uparrow\infty} \downarrow A_n)) \ .$$

La condition de normalisation (1) vient de ce que lorsque l'espace Ω est fini et constitué d'éléments équiprobables, la probabilité $P(A)$ de l'événement A est défini par

$$0 \leq P(A) = \frac{\text{nombre de cas favorables}}{\text{nombres de cas possibles}} = \frac{|A|}{|\Omega|} \leq 1$$

où $|A|$ ($|\Omega|$) désigne le cardinal de $A(\Omega)$. Cette condition de normalisation n'est cependant pas toujours imposée, il arrive de poser $P(\Omega) = \infty$ (cas par exemple des ondes monochromatiques).

On étend alors la définition de la probabilité donnée a priori sur la classe $\mathcal{C}$ des événements fondamentaux à ceux de l'algèbre de Boole $\mathcal{B}$ engendrée en utilisant les propriétés (1) et (2) seulement, en d'autres termes sans utiliser la propriété de continuité (3). Mais en utilisant en plus cette propriété (3), on peut prolonger par continuité la probabilité à la σ-algèbre de Boole $\mathcal{A}$ engendrée par $\mathcal{B}$, ce prolongement d'ailleurs étant d'une part unique (théorème de Kolmogorov) et satisfaisant d'autre part aux deux relations de continuité suivantes (que l'on établit aisément en utilisant cette propriété (3) et qui en constituent d'ailleurs une généralisation) :

(3 bis) $\lim_{n\uparrow\infty} \downarrow P(A_n) = P(\lim_{n\uparrow\infty} \downarrow A_n)$, $\lim_{n\uparrow\infty} \uparrow P(B_n) = P(\lim_{n\uparrow\infty} \uparrow B_n)$,

où $A_1 \supset A_2 \supset \ldots \supset A_n \supset A_{n+1} \ldots$ et $\lim_{n\uparrow\infty} \downarrow A_n = \bigcap_{n\geq 1} A_n$, et où

$B_1 \subset B_2 \subset \ldots \subset B_n \subset B_{n+1} \ldots$ et $\lim_{n\uparrow\infty} \uparrow B_n = \bigcup_{n\geq 1} B_n$. Plus précisément, il existe d'après le théorème de Kolmogorov une probabilité unique $P : \mathcal{A} \to [0,1]$ (i.e. définie sur la σ-algèbre $\mathcal{A}$, etc...) satisfaisant aux trois propriétés de la Définition 1.1.1 (une σ-algèbre de Boole est nécéssairement une algèbre de Boole), satisfaisant donc en particulier à la condition de continuité (3) mais aussi bien à son extension (3 bis) car les événements $\lim\downarrow A_n$ et $\lim\uparrow B_n$ sont nécessairement dans la σ-algèbre de Boole $\mathcal{A}$ dès que les A_n et les B_n y sont, et dont la restriction à l'algèbre de Boole $\mathcal{B}$ est identique à la probabilité donnée initialement sur $\mathcal{B}$.

Reprenons l'exemple ci-dessus, dans lequel les intersections finies $\bigcap_{i=1}^{n} \{a_i \leq X_{t_i} \leq b_i\}$ sont les événements fondamentaux dont nous nous donnons a priori la probabilité. Pour qu'une épreuve $\omega \in \Omega$ appartienne à l'événement ci-dessus, il faut et il suffit que la position $X_t(\omega)$ aux instants t_i $(1\leq i\leq n)$ satisfasse à la condition $a_i \leq X_{t_i}(\omega) \leq b_i$, la position aux autres instants n'intervenant pas. On dit que cet événement "dépend" des instants t_i $(1\leq i\leq n)$. Il est immédiat de voir que l'algèbre de Boole $\mathcal{B}$ engendrée par ces événements fondamentaux est constituée d'événements ne dépendant que d'un nombre fini d'instants.

Les événements de l'algèbre de Boole $\mathcal{B}$ sont à peu de chose près caractérisés par la propriété d'être mesurables et de dépendre d'un nombre fini (mais quelconque) d'instants (quelconques). Les événements de la σ-algèbre de Boole $\mathcal{A}$ engendrée par $\mathcal{B}$ sont caractérisés par la propriété d'être mesurables et de dépendre d'un ensemble dénombrable (fini ou infini) d'instants (quelconques).

Ainsi par exemple les événements

$$\bigcap_{0\leq t \text{ rat.}\leq 1} \{X_t \leq a\} \quad \text{et} \quad \bigcup_{0<t \text{ rat.}\leq 1} \{X_t \geq a\}$$

dépendent d'un ensemble dénombrable d'instants, à savoir l'ensemble des instants rationnels de l'intervale $[0,1]$, ils sont donc dans la σ-algèbre de Boole $\mathcal{A}$ et on peut calculer leur probabilité. Par contre les événements que nous avons tout d'abord donnés en exemple, à savoir

$$\bigcap_{0\leq t\leq 1} \{X_t \leq a\} \quad \text{et} \quad \bigcup_{0\leq t\leq 1} \{X_t \geq a\} ,$$

semblent dépendre d'un ensemble continu d'instants et par conséquent ne pas appartenir à la σ-algèbre de Boole $\mathcal{A}$. Cependant, l'ensemble Ω étant ici uniquement constitué de trajectoires continues, nécessairement

$$\bigcap_{0\leq t\leq 1} \{X_t \leq a\} = \bigcap_{0\leq t \text{ rat.}\leq 1} \{X_t \leq a\}$$

de sorte que cet événement est dans $\mathcal{A}$ et qu'on sait calculer sa probabilité. De même

$$\bigcup_{0\leq t\leq 1} \{X_t \geq a\} = \bigcap_{\varepsilon \text{ rat.}>0} \bigcup_{0\leq t \text{ rat.}\leq 1} \{X_t \geq a - \varepsilon\}$$

de sorte que cet événement est lui aussi dans $\mathcal{A}$ et que sa probabilité est encore déterminée.

Enfin, si un événement B n'appartient pas à la σ-algèbre de Boole $\mathcal{A}$, on peut encore en calculer la probabilité dans le cas où il existe un ensemble $N\in\mathcal{A}$, <u>négligeable</u> en ce sens que $P(N) = 0$, et contenant la différence symétrique $B\Delta A = (B\setminus A) + (A\setminus B)$, où $B\setminus A = B\cap A^c$ et $A\setminus B = A\cap B^c$, de B avec un événement $A \in \mathcal{A}$. On peut alors poser $P(B) = P(A)$ sans qu'il y ait jamais contradiction, cette remarque sera implicitement utilisée lorsqu'après avoir défini le processus de Wiener nous donnerons la définition plus générale d'un mouvement brownien (lequel est seulement "presque sûrement" à trajectoires continues).

1.3. VARIABLES ALEATOIRES ET ESPACES DE PROBABILITES IMAGES

Etant donné alors un espace de probabilité $(\Omega, \mathcal{A}, P)$, on peut en obtenir d'autres de la manière suivante :

Soit $X : \Omega \to \overline{R}$ une v.a. réelle (attention, nous adjoignons ici à la droite réelle R les points $\pm \infty$). Pour tout borelien $B \subset \overline{R}$ posons

(1.2.1) $$P X^{-1}(B) = P\{\omega : X(\omega) \in B\} .$$

On définit ainsi une probabilité $P X^{-1} : \mathcal{B}(\overline{R}) \to [0,1]$ (lire : définie sur la σ-algèbre des boreliens de $\overline{R}$, etc...) appellée <u>image</u> de P par X, ou encore <u>répartition</u> de la v.a. X, dès que le second membre de la relation ci-dessus est défini quelque soit le borelien $B \in \mathcal{B}(\overline{R})$, en d'autres termes dès que la probabilité de l'événement $\{X \in B\}$ est définie. Il en est en particulier ainsi lorsque pourtout borelien $B \in \mathcal{B}(\overline{R})$ l'événement $\{X \in B\}$ est dans la σ-algèbre $\mathcal{A}$ sur laquelle est définie P, ce qui amène à poser la définition suivante :

<u>Définition</u> 1.3.1 (Variable aléatoire réelle mesurable). Etant donné un espace de probabilité $(\Omega, \mathcal{A}, P)$, on dit que la variable aléatoire réelle $X : \Omega \to \overline{R}$ est mesurable (ou plus précisément $\mathcal{A}$-mesurable) lorsque l'image réciproque

$$X^{-1}(B) = \{\omega : X(\omega) \in B\}$$

de B par X est dans la σ-algèbre de Boole $\mathcal{A}$ pour tout borelien B de la droite réelle $\overline{R}$.

Ainsi l'image $P X^{-1}$ de P par une v.a. réelle X mesurable est elle-même une probabilité sur la σ-algèbre des boreliens de $\overline{R}$, aussi on dit que l'espace de probabilité $(\overline{R}, \mathcal{B}(\overline{R}), P X^{-1})$ est l'image de $(\Omega, \mathcal{A}, P)$ par X

(la notation $P X^{-1}$ venant de ce que par sa définition même $P X^{-1}(B) = P\left[X^{-1}(B)\right]$).

Il est évidemment possible d'étendre ce qui précède à des v.a. prenant leurs valeurs dans d'autres espaces que la droite réelle, par exemple $\overline{R}^d = \overline{R} \times \ldots \times \overline{R}$ (d fois) muni de la σ-algèbre de Boole de ses ensembles boreliens.

Par exemple, nous construirons la mesure de Wiener sur la σ-algèbre des boreliens de l'espace des trajectoires Ω comme l'image d'une autre probabilité de construction plus immédiate. C'est aussi sur la notion d'espace de probabilité image que reposera (via l'application du théorème de Laplace "cachant les variables cachées") la définition que nous donnerons d'une théorie à variables cachées.

Terminons par une remarque qui n'a rien d'essentiel : Comme on ne saurait conjecturer si ce n'est seulement sur des v.a. mesurables (i.e. sur des v.a. dont la répartition est calculable) on rompt usuellement le parallélisme entre fonction et fonction mesurable d'une part, v.a. et v.a. mesurable d'autre part, pour appeler directement variable aléatoire une v.a. mesurable. De même, on rompt usuellement le parallélisme entre ensemble et ensemble mesurable d'une part, événement et événement mesurable d'autre part, pour appeler directement événement un événement mesurable. Par brièveté, nous nous conformerons la plupart du temps à cet usage.

1.4. ESPERANCE

L'espérance d'une variable aléatoire est son intégrale. Les v.a. réelles les plus simples à intégrer sont celles qui prennent un nombre fini de valeurs, on dit qu'elles sont étagées. Les v.a. étagées les plus simples sont les indicateurs d'événements : on appelle indicateur d'un événement A la fonction 1_A telle que $1_A(\omega) = 0$ ou 1 selon que $\omega \notin A$ ou $\omega \in A$ respectivement. Les v.a. étagées sont combinaisons linéaires finies d'indicateurs.

Définition 1.4.1 (Espérance d'une v.a. étagée) Appelons v.a. étagée (ou $\mathcal{A}$-étagée lorsqu'on veut préciser) toute v.a. $X = \Sigma\ c_i\ 1_{A_i}$ combinaison linéaire finie d'indicateurs d'événements $A_i (1 \leq i \leq n)$ dans la σ -algèbre $\mathcal{A}$ sur laquelle est définie une probabilité P . On définit alors l'espérance $E(X)$ d'une telle v.a. X par la relation

$$E(X) = \sum_{i=1}^{n} c_i\ P(A_i)$$

Le nombre $E(X)$ ainsi défini ne dépend pas de la combinaison linéaire finie choisie pour représenter la v.a. étagée X . Si par exemple on prend la représentation

$$X = \Sigma\ c_i\ 1_{\{X=c_i\}}$$

où les $c_i (1 \leq i \leq n)$ sont ici les différentes valeurs prises par la v.a. X (de sorte que $\{X = c_i\} \cap \{X = c_j\} = \emptyset$ ou $\{X = c_i\}$ selon que $j \neq i$ ou $j = i$), on obtient avec $P\ X^{-1}(c_i) = P\{X = c_i\}$

$$E(X) = \Sigma\ c_i\ P\ X^{-1}(c_i)$$

où l'on reconnait au second membre la répartition $P\ X^{-1}$ de la v.a. X . L'extension naturelle de cette relation est donc pour une variable aléatoire (mesurable) $X : \Omega \to \overline{R}$ la relation usuelle

$$(1.4.1) \qquad E(X) = \int x\ P\ X^{-1}(dx)$$

signifiant que l'on approxime X par la somme $\Sigma\ x\ 1_{\{X \in dx\}}$ où dx désigne un petit intervalle contenant x puis que l'on effectue un passage à la limite : c'est donc l'espace des valeurs de la fonction que l'on découpe ici en intervalles, et non comme dans l'intégrale de Riemann l'espace sur lequel la fonction est définie

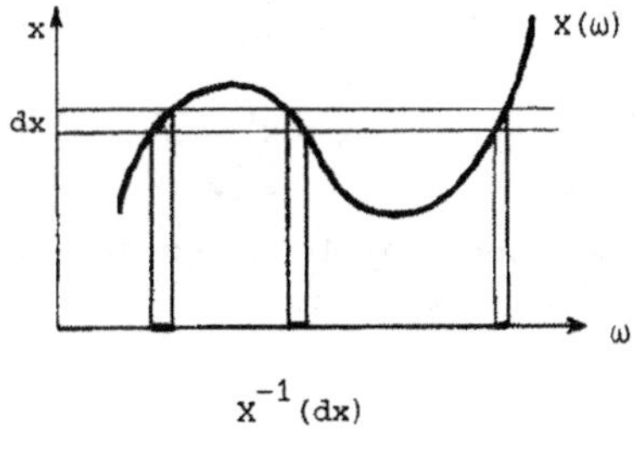

On établit cette relation (1.4.1) que nous venons d'induire en trois étapes successives :

Etape 1 $(X \geq 0)$

Lorsque la v.a. X est positive (i.e. lorsque $X(\omega) \geq 0$ pour tout $\omega \in \Omega$) on pose par définition

$$E(X) = \lim_{n \uparrow \infty} \uparrow E(X_n)$$

où $X_n (n \geq 1)$ est une suite monotone croissante (i.e. $X_1 \leq X_2 \leq \ldots$) de v.a. étagées positives t.q. $X = \lim \uparrow X_n$. Il est immédiat de montrer que la limite croissante des nombres $E(X_n)$ est indépendante de la suite $X_n (n \geq 1)$ choisie pour représenter la v.a. $X \geq 0$ (i.e. ayant X pour limite). Cette propriété est fondée sur le fait (constituant une extension de la condition de continuité (3)) que si $Z_m (m \geq 1)$ est une suite monotone décroissante (i.e. $Z_1 \geq Z_2 \geq \ldots$) de v.a. étagées positives t.q. $\lim \downarrow Z_m = 0$, nécessairement $\lim \downarrow E(Z_m) = 0$. En effet

$$E(Z_m) \leq \varepsilon P\{Z_m \leq \varepsilon\} + \|Z_1\| \, . \, P\{Z_m > \varepsilon\} \downarrow 0$$

avec $\|Z_1\| = \sup_\omega |Z_1(\omega)| < \infty$ (puisque Z_1 ne prend qu'un nombre fini de valeurs finies), compte tenu de ce que $P\{Z_m > \varepsilon\} \downarrow 0$ puisque $\{Z_m > \varepsilon\} \downarrow \emptyset$. Si donc $\lim \uparrow X_n \leq \lim \uparrow Y_m$ alors $X_n = \lim_m \uparrow (X_n \wedge Y_m)$ où $X_n \wedge Y_m$ désigne la plus grande v.a. étagée au plus égale simultanément aux v.a. étagées X_n et Y_m (i.e. $(X_n \wedge Y_m)(\omega) = \min (X_n(\omega), Y_m(\omega)))$ et donc pour tout entier $n \geq 1$ fixé

$$E(X_n) = \lim_m \uparrow E(X_n \wedge Y_m) \leq \lim_m \uparrow E(Y_m)$$

puisque $Z_m = (X_n \wedge Y_m) - X_n \downarrow 0$ lorsque $m \uparrow \infty$, de sorte que $\lim \uparrow E(X_n) \leq \lim \uparrow E(Y_m)$, et inversement si $\lim \uparrow X_n = \lim \uparrow Y_m$. On montre enfin que si les v.a. (mesurables) X et Y sont positives, alors $E(X+Y) = E(X) + E(Y)$.

Etape 2 (X intégrable)

Soit une v.a. réelle (mesurable) $X = X^+ - X^-$ où $X^+ = X \vee 0$ et $X^- = -(X \wedge 0)$ (on désigne par $a \wedge b$ le plus petit des nombres réels a et b , par $a \vee b$ le plus grand des nombres réels a et b , et on pose

$(X\wedge 0)(\omega) = X(\omega)\wedge 0$ et $(X\vee 0)(\omega) = X(\omega)\vee 0)$. Les v.a. (mesurables) X^+ et X^- sont positives, et donc leur espérance est définie (finie ou infinie).

On a alors $|X| = X^+ + X^-$ (avec $|X|(\omega) = |X(\omega)|$). On dit que la v.a. X est <u>intégrable</u> lorsque $E(|X|)(= E(X^+) + E(X^-)) < \infty$. Ainsi X est intégrable si, et seulement si, on a simultanément $E(X^+) < \infty$ et $E(X^-) < \infty$. On pose alors

$$E(X) = E(X^+) - E(X^-)$$

On montre immédiatement que si les v.a. X et Y sont intégrables, alors $E(X+Y) = E(X) + E(Y)$.

Etape 3 (X quasi-intégrable)

On dit que la v.a. $X = X^+ - X^-$ est <u>quasi-intégrable</u> lorsqu'au moins l'une des deux conditions $E(X^+) < \infty$ et $E(X^-) < \infty$ est satisfaite. On peut donc poser

$$E(X) = E(X^+) - E(X^-)$$

sans qu'il y ait encore ambiguïté, puisque l'hypothèse de quasi-intégrabilité évite la forme indéterminée $\infty - \infty$. Le fait important est que si les v.a. X et Y sont quasi-intégrables il y a encore additivité, en d'autres termes on a encore $E(X+Y) = E(X) + E(Y)$, s'il existe une "barrière de protection" en haut ou en bas au sens suivant : ou bien les v.a. X^+ et Y^+ sont intégrables (i.e. $E(X^+) < \infty$ et $E(Y^+) < \infty$), la v.a. $X^+ \vee Y^+$ majorant à la fois X et Y et étant intégrable constituant la barrière de protection en haut, ou bien les v.a. X^- et Y^- sont intégrables (i.e. $E(X^-) < \infty$ et $E(Y^-) < \infty$), la v.a. $-(X^- \vee Y^-)$ minorant à la fois X et Y et étant intégrable constituant la barrière de protection en bas.

On établit alors à chacune de ces trois étapes la relation (1.4.1) permettant le calcul de l'espérance avec la répartition de la variable aléatoire, l'intégration devant s'effectuer a priori sur $\bar{R}$ et non seulement sur R. Par exemple si $X \geq 0$ posons

$$X_n = \sum_{k=0}^{n2^n-1} \frac{k}{2^n} 1_{\{\frac{k}{2^n} \leq X < \frac{k+1}{2^n}\}} + n\, 1_{\{X \geq n\}}$$

approximant par défaut à $1/2^n$ près la v.a. X sur l'intervalle de valeurs $[0,n]$, et rasée à n lorsque $X \geq n$, de sorte que $X = \lim \uparrow X_n$. L'espérance de X_n croît donc vers celle de X, et comme on a

$$E(X_n) = \Sigma \frac{k}{2^n} P\{\frac{k}{2^n} \leq X < \frac{k+1}{2^n}\} + n.P\{X \geq n\}$$

$$\uparrow \int_R x\, P X^{-1}(dx) + \infty.P\{X = \infty\},$$

on voit effectivement que l'intégration ne peut s'effectuer seulement sur R qu'à la condition que $P\{X = \infty\} = 0$ (auquel cas $P X^{-1}$ est une probabilité sur R, l'espérance de X pouvant cependant être infinie.

Terminons par deux remarques : D'abord, l'espérance d'une v.a. $X = \infty\, 1_A$ (nulle lorsque $\omega \notin A$ et égale à ∞ lorsque $\omega \in A$) est nulle lorsque $P(A) = 0$. En effet $X = \lim \uparrow n\, 1_A$ et donc

$$E(X) = \lim \uparrow E(n\, 1_A) = \lim \uparrow n\, P(A) = 0 .$$

Ensuite, la relation (1.4.1) se généralise immédiatement au cas d'une v.a. $f(X)$ au lieu de la v.a. X, on obtient alors

$$E[f(X)] = \int f(x)\, P X^{-1}(dx)$$

et si en particulier on pose $g(X) = 1_B(X)\, f(X)$, on obtient finalement la formule dite du "changement de variable"

$$(1.4.2) \qquad \int_{X^{-1}(B)} f(X)\, dP = \int_B f(x)\, P X^{-1}(dx) .$$

1.5. THEOREMES DE BEPPO LEVI ET DE FATOU-LEBESGUE

On utilise essentiellement trois théorèmes de passage à la limite sous le signe $\int$. Nous allons exposer dans cette section les deux premiers, à savoir le théorème de B. Levi et celui de H. Lebesgue, et nous exposerons le troisième dans la section "Equi-intégrabilité".

Proposition 1.5.1 (Théorème de B. Levi, ou de la limite monotone croissante). Soit $X_n (n \geq 1)$ une suite monotone croissante (i.e. $X_1 \leq X_2 \leq \ldots$) de v.a. (mesurables) réelles minorées par une v.a. $Y (= Y^+ - Y^-)$ t.q. $E(Y^-) < \infty$. On peut alors passer à la limite sous le signe $\int$ en ce sens que

$$E(\lim \uparrow X_n) = \lim \uparrow E(X_n)$$

Démonstration : On établit d'abord ce résultat dans le cas où les v.a. $X_n (n \geq 1)$ sont positives, la v.a. (intégrable) $Y \equiv 0$ jouant le rôle de barrière de protection en bas. Pour cela on représente chaque v.a. X_n comme limite monotone croissante d'une suite de v.a. étagées, à savoir $X_n = \lim_m \uparrow X_{n,m}$, on dresse le tableau suivant

$$\begin{array}{ccccccccc}
X_{1,1} & \leq X_{1,2} & \leq \ldots & \leq & X_{1,n} & \leq & X_{1,n+1} & \leq \ldots \leq & X_1 \\
 & & & & & & & & \wedge\!\backslash \\
 & & & & Z_n & & Z_{n+1} & & \vdots \\
 & & & & & & & & \wedge\!\backslash \\
X_{n,1} & \leq X_{n,2} & \leq \ldots & \leq & X_{n,n} & \leq & X_{n,n+1} & \leq \ldots \leq & X_n \\
 & & & & & & & & \wedge\!\backslash \\
X_{n+1,n} & \leq X_{n+1,2} & \leq \ldots & \leq & X_{n+1,n} & \leq & X_{n+1,n+1} & \leq \ldots \leq & X_{n+1} \\
 & & & & & & & & \wedge\!\backslash \\
 & & & & & & & & \vdots \\
 & & & & & & & & \wedge\!\backslash \\
 & & & & & & & & X
\end{array}$$

et on pose $Z_n = \bigvee_{i=1}^{n} X_{i,n}$ (= plus petite v.a. étagée majorant chacune des v.a. étagées $X_{i,n}$ $(1 \leq i \leq n)$. On constate immédiatement sur le tableau que la suite $Z_n (n \geq 1)$ est monotone croissante et que lorsque $m \geq n$ on a $X_{n,m} \leq Z_m \leq X_m$ d'où en passant à la limite sur m

$$X_n \leq \lim \uparrow Z_m \leq X = \lim \uparrow X_m ,$$

de sorte que $X = \lim \uparrow Z_m$. Puisque les v.a. $Z_m (m \geq 1)$ sont étagées, on a $E(X) = \lim \uparrow E(Z_m)$, et comme d'autre part on a aussi bien $E(X_{n,m}) \leq E(Z_m) \leq E(X_m)$, en passant une nouvelle fois à la limite sur m on aura

$$E(X_n) \leq \lim \uparrow E(Z_m) = E(X) \leq \lim \uparrow E(X_m) ,$$

de sorte qu'effectivement $E(X) = \lim\uparrow E(X_n)$. Passons maintenant au cas général en écrivant $X_n = X_1 + (X_n - X_1)$, la suite monotone croissante de v.a. $X_n - X_1 \geq 0$ tendant vers $X - X_1$. La v.a. Y^- jouant le rôle de barrière de protection en bas, on a additivité d'où

$$E(X_n) = E(X_1) + E(X_n - X_1)\uparrow E(X_1) + E(X - X_1) = E(X)$$

<u>Proposition</u> 1.5.2 (Lemme de Fatou, théorème de Lebesque sur la convergence dominée) Soit $X_n (n \geq 1)$ une suite de v.a. réelles. S'il existe une v.a. réelle Y minorant chacune des v.a. X_n et t.q. $E(Y^-) < \infty$, en d'autres termes s'il existe une barrière de protection en bas, alors on a (lemme de Fatou)

$$E\left[\liminf X_n\right] \leq \liminf E(X_n).$$

S'il existe une v.a. réelle Z majorant chacune des v.a. X_n et t.q. $E(Z^+) < \infty$, en d'autres termes s'il existe une barrière de protection en haut, alors on a (lemme de Fatou)

$$\limsup E(X_n) \leq E\left[\limsup X_n\right].$$

Si les deux barrières existent simultanément, càd s'il existe une v.a. $Y \geq 0$ intégrable t.q. pour tout entier $n \geq 1$ on ait $|X_n| \leq Y$, alors on a

$$E\left[\liminf X_n\right] \leq \liminf E(X_n) \leq \limsup E(X_n) \leq E\left[\limsup X_n\right],$$

et si de plus la suite $X_n (n \geq 1)$ est convergente, sauf éventuellement sur un ensemble de probabilité nulle, alors on a (théorème de Lebesgue sur la convergence dominée

$$E\left[\lim X_n\right] = \lim E(X_n).$$

<u>Démonstration</u> : Etablissons d'abord le lemme de Fatou. On a

$$\liminf X_n = \lim_{n\uparrow\infty} \uparrow (\inf_{m \geq n} X_m)$$

et comme la suite $Y_n = \inf_{m\geq n} X_m$ est monotone croissante et t.q. de plus $Y_1^- = X_1^- \leq Y^-$ intégrable, on peut lui appliquer le théorème de la limite monotone croissante, ce qui donne

$$E(\lim\uparrow Y_n) = \lim\uparrow E(Y_n) \leq \lim\uparrow(\inf_{m\geq n} E(X_m)) = \liminf E(X_n).$$

On procède de même pour

$$\limsup X_n = \lim_{n\uparrow\infty} \downarrow (\sup_{m\geq n} X_m) .$$

Le théorème de Lebesgue est dès lors immédiat. Si en effet la suite $X_n (n\geq 1)$ est convergente, on a $\liminf X_n = \limsup X_n$, ce qui achève la démonstration.

Voici un cas particulier important du lemme de Fatou. Par analogie avec une suite de nombres $x_n (n\geq 1)$ pour laquelle on pose

$$\liminf x_n = \lim_n \uparrow (\inf_{m\geq n} x_m) \qquad \limsup x_n = \lim_n \downarrow (\sup_{m\geq n} x_m) ,$$

on posera aussi bien pour une suite d'événements $A_n (n\geq 1)$

$$\liminf A_n = \bigcup_{n\geq 1} \bigcap_{m\geq n} A_m = \lim_n \uparrow (\bigcap_{m\geq n} A_m)$$

$$\limsup A_n = \bigcap_{n\geq 1} \bigcup_{m\geq n} A_m = \lim_n \downarrow (\bigcup_{m\geq n} A_m) .$$

Ainsi $\liminf A_n$ est l'événement constitué des épreuves ω pour lesquelles l'un des événements $\bigcap_{m\geq n} A_m$ est réalisé, càd constitué des épreuves ω réalisant tous les événements A_m à partir d'un certain rang dépendant de ω. Et $\limsup A_n$ est l'événement constitué des épreuves réalisant tous les événements $\bigcup_{m\geq n} A_m$, càd en fait constitué des épreuves réalisant une infinité d'événements A_m. Le contraire de $\liminf A_n$ est $\limsup A_n^c$, et inversement. Les indicateurs de ces événements vérifient les relations

$$1_{\liminf A_n} = \liminf 1_{A_n} , \qquad 1_{\limsup A_n} = \limsup 1_{A_n} ,$$

et d'après le lemme de Fatou on a donc

$$0 \leq P(\liminf A_n) \leq \liminf P(A_n) \leq \limsup P(A_n) \leq P(\limsup A_n) \leq 1 ,$$

ce que l'on peut redémontrer directement en utilisant la continuité séquentielle monotone de la probabilité.

1.6. CONVERGENCE PRESQUE SURE ET CONVERGENCE EN PROBABILITE

Définition 1.6.1 (Convergence presque sûre et convergence en probabilité). Soit une suite de v.a. réelles $(X_n)_{n\geq 1}$. On dit que cette suite converge presque sûrement vers la v.a. réelle X (en notation $X_n \xrightarrow[p.s]{} X$ ou $\lim \text{p.s. } X_n = X$) lorsque

$$P\ \{\omega : \lim_n X_n(\omega) = X(\omega)\} = 1\ ,$$

en d'autres termes lorsque l'ensemble sur lequel $X_n(\omega)$ converge vers $X(\omega)$ a pour probabilité 1. On dit que cette suite converge en probabilité vers la v.a. réelle X (en notation $X_n \xrightarrow[p]{} X$ ou $\lim \text{prob. } X_n = X$) lorsque pour tout nombre $\varepsilon > 0$ on a

$$\lim_n P\ \{\omega : |X_n(\omega) - X(\omega)| > \varepsilon\} = 0$$

La limite presque sûre est nécessairement unique à une équivalence près, en d'autres termes si $\lim \text{p.s. } X_n = X$ et Y, alors on a nécessairement $P\{X \neq Y\} = 0$. Il en est de même de la limite en probabilité car si $\lim \text{prob. } X_n = X$ et Y, alors puisque

$$\{|X-Y|>\varepsilon\} \subset \{|X_n-X|>\varepsilon/2\} \cup \{|X_n-Y|>\varepsilon/2\}\ ,$$

on a

$$P\{|X-Y|>\varepsilon\} \leq P\{|X_n-X|>\varepsilon/2\} + P\{|X_n-Y|>\varepsilon/2\} \rightarrow 0$$

et donc effectivement

$$P\{X \neq Y\} = P\ (\lim\uparrow\{|X-Y|>\tfrac{1}{n}\}) = \lim\uparrow P\{|X-Y|>\tfrac{1}{n}\} = 0\ .$$

Enfin, observons que la convergence presque sûre entraîne la convergence en probabilité ; en d'autres termes, si $\lim \text{p.s. } X_n = X$ alors on a aussi bien $\lim \text{prob. } X_n = X$. En effet, on a d'après le lemme de Fatou

$$0 \leq \lim\sup P\ \{|X_n-X|>\varepsilon\} \leq P(\lim\sup\ \{|X_n-X|>\varepsilon\}) = 0\ ,$$

le terme majorant étant effectivement nul puisque X_n convergeant p.s. vers X, presque sûrement seul un nombre fini des événements $\{|X_n-X|>\varepsilon\}$ est réalisé.

1.7. EQUI-INTEGRABILITE ET CONVERGENCE EN MOYENNE

Nous allons établir dans cette section le troisième théorème fondamental de passage à la limite sous le signe $\int$. Ce théorème s'appuie sur la notion d'équi-intégrabilité et constitue une extension du théorème de Lebesgue sur la convergence dominée (la convergence presque sûre entraînant celle en probabilité, et la domination entraînant l'équi-intégrabilité). Mais auparavant, nous allons établir le résultat classique suivant, d'utilisation fréquente.

Proposition 1.7.1 (Premier lemme de Borel-Cantelli). Si une suite d'événements $(A_n)_{n\geq 1}$ est telle que $\sum_{n\geq 1} P(A_n) < \infty$, alors

$$P(\limsup A_n) = 0 ,$$

en d'autres termes "avec une probabilité égale à 1, seul un nombre fini des événements A_n est réalisé", càd toute épreuve ω appartient au plus à un nombre fini d'événements A_n , sauf lorsque ω appartient à l'événement $\limsup A_n$ qui est exceptionnel puisque de probabilité nulle.

Démonstration : Puisque la somme $\sum_{n\geq 1} P(A_n)$ est finie, on a

$$P(\limsup A_n) = \lim_n \downarrow P(\bigcup_{m\geq n} A_m) \leq \lim_n \downarrow (\sum_{m\geq n} P(A_m)) = 0 .$$

Voici une autre démonstration de ce lemme, qui en éclaire le sens. Soit la v.a. positive $N = \sum_{n\geq 1} 1_{A_n}$ telle que $N(\omega)$ = nombre d'événements A_n réalisés par ω . On a donc $\{N = \infty\} = \limsup A_n$, de sorte qu'il suffit d'établir que $P\{N = \infty\} = 0$. Or on a

$$E(N) = \lim \uparrow E(\sum_{n\geq 1} 1_{A_n}) = \sum_{n\geq 1} P(A_n) < \infty .$$

On a donc nécéssairement $P\{N = \infty\} = 0$ car s'il en était pas ainsi, puisque pour tout entier $n\geq 1$ on a $N \geq n\, 1_{\{N=\infty\}}$, on aurait aussi bien pour tout $n\geq 1$

$$E(N) \geq E(n\, 1_{\{N=\infty\}}) = n\, P\{N=\infty\} ,$$

donc aussi bien $E(N) = \infty$ ce qui est une contradiction.

Définition 1.7.1 (Equi-intégrabilité). Une famille $X_i (i \in I)$ de v.a. $X_i : \Omega \to R$ définies sur un espace de probabilité $(\Omega, \mathcal{A}, P)$ est dite équi-intégrable si

$$\sup_I \int_{\{|X_i|>c\}} |X_i| \, dP \downarrow 0 \qquad \text{lorsque} \quad c \uparrow \infty .$$

Par exemple, si X est une v.a. intégrable, elle constitue à elle seule une famille équi-intégrable puisque $|X| 1_{\{|X|>c\}} \downarrow \infty . 1_{\{|X| = \infty\}}$ et donc

$$\infty > E(|X|) \geq \int_{\{|X|>c\}} |X| dP \downarrow \infty . P\{|X| = \infty\} = 0 .$$

Toute famille majorée en valeur absolue par une v.a. intégrable est donc elle-même équi-intégrable. De plus, toute réunion finie de familles équi-intégrables constitue elle-même une famille équi-intégrable.

Proposition 1.7.1 (Critère d'équi-intégrabilité) Pour qu'une famille $X_i (i \in I)$ soit équi-intégrable, il faut et il suffit que les deux conditions suivantes soient simultanément satisfaites

(1) $\sup_I E(|X_i|) < \infty$

(2) pour tout $\varepsilon > 0$ il existe $\eta(\varepsilon) > 0$ tel que

$$\sup_I \int_A |X_i| \, dP < \varepsilon \quad \text{dès que} \quad P(A) < \eta(\varepsilon) .$$

Démonstration : Ces deux conditions sont nécéssaires. En effet, il résulte de l'inégalité

$$\int_A |X_i| \, dP = \int_{A \cap \{|X_i| \leq c\}} |X_i| dP + \int_{A \cap \{|X_i|>c\}} |X_i| dP \leq cP(A) + \int_{\{|X_i|>c\}} |X_i| dP$$

que l'on a encore

$$\sup_I \int_A |X_i| dP \leq c \, P(A) + \sup_I \int_{\{|X_i|>c\}} |X_i| dP .$$

Pour obtenir la condition (1), prendre alors $A = \Omega$, et pour obtenir la condition (2), prendre c assez grand et $P(A)$ assez petit.

Inversement, ces deux conditions sont suffisantes pour entraîner l'équi-intégrabilité puisque $c\,P\{|X_i|\geq c\}\leq E(|X_i|)$, de sorte que

$$\sup_I P\{|X_i|\geq c\}\leq \frac{1}{c}\sup_I E(|X_i|) .$$

Il résulte alors de (1) que si c est assez grand on aura $\sup_I P\{|X_i|>c\}<\eta(\varepsilon)$, de sorte que d'après (2) on aura effectivement $\sup_I \int_{\{|X_i|>c\}} |X_i|\, dP<\varepsilon$.

Proposition 1.7.2 (Critère de convergence en moyenne). Soit une suite de variables aléatoires $X_n (n\geq 1)$.

(1) Si X_n $(n\geq 1)$ est équi-intégrable et si $X_n \xrightarrow[P]{} X$, alors X est intégrable et X_n converge en moyenne d'ordre 1 vers X, en d'autres termes $E(|X_n-X|) \rightarrow 0$.

(2) Si X_n $(n\geq 1)$ est de carré équi-intégrable et si $X_n \xrightarrow[P]{} X$, alors X est de carré intégrable et X_n converge en moyenne d'ordre 2 vers X, en d'autres termes $E(|X_n-X|^2) \rightarrow 0$.

Démonstration : (1) Montrons d'abord que X est intégrable. De toute suite convergente en probabilité on peut extraire une sous-suite p.s. convergente vers la même limite, car si on extrait la sous-suite $(X_{n_i})_{i\geq 1}$ de sorte que

$$P\{|X_{n_{i+1}} - X_{n_i}|\geq \frac{1}{2^i}\}\leq \frac{1}{2^i},$$

d'après le premier lemme de Borel-Cantelli cette sous-suite est p.s. convergente. En posant $\lim$ p.s. $X_{n_i} = Y$, on a presque sûrement $X = Y$ puisque $\lim$ prob. $X_{n_i} = Y$ et que la limite en probabilité est unique à une équivalence près. L'intégrabilité de X résulte alors du lemme de Fatou puisque

$$0\leq E(|X|)\leq \liminf E(|X_{n_i}|)\leq \sup_n E(|X_n|)<\infty$$

On a enfin $E(|X_n-X|) \rightarrow 0$ car pour tout $\varepsilon > 0$

$$E(|X_n-X|) = \int_{\{|X_n-X|\leq\varepsilon\}} |X_n-X|\, dP + \int_{\{|X_n-X|>\varepsilon\}} |X_n-X|\, dP$$

$$\leq \varepsilon P(\Omega) + \int_{\{|X_n-X|>\varepsilon\}} |X_n|dP + \int_{\{|X_n-X|>\varepsilon\}} |X|dP + \varepsilon,$$

le second membre décroissant effectivement vers ε d'après l'équi-intégrabilité de (X_n) et l'intégrabilité de X, compte-tenu de ce que $P\{|X_n-X|>\varepsilon\} \to 0$.

(2) La démonstration est analogue. X est de carré intégrable car

$$0 \leqslant E(|X|^2) \leqslant \liminf E(|X_{n_i}|^2) \leqslant \sup_n E(|X_n|^2) < \infty$$

De plus $E(|X_n-X|^2) \to 0$ car pour tout $\varepsilon > 0$ on a aussi bien

$$E(|X_n - X|^2) = \int_{\{|X_n-X|\leqslant\varepsilon\}} |X_n-X|^2 dP + \int_{\{|X_n-X|>\varepsilon\}} |X_n-X|^2 dP$$

$$\leqslant \varepsilon^2 P(\Omega) + 2\int_{\{|X_n-X|>\varepsilon\}} |X_n|^2 dP + 2\int_{\{|X_n-X|>\varepsilon\}} |X|^2 dP + \varepsilon ,$$

où nous avons utilisé la majoration $(A+B)^2 \leqslant 2A^2 + 2B^2$, le second membre décroissant vers ε pour les mêmes raisons que ci-dessus.

Puisque $|E(X_n)-E(X)| \leqslant E(|X_n-X|)$, on a donc obtenu un troisième théorème (fondamental) de passage à la limite sous le signe $\int$. De plus, puisque toute suite de Cauchy en moyenne d'ordre 1 (i.e. t.q. $E(|X_n-X_m|) \to 0$ quand $n,m \to \infty$) est équi-intégrable et convergente en probabilité, on vient de voir que l'espace des (classes d'équivalence de) v.a. intégrables muni de la distance $||X-Y|| = E(|X-Y|)$ est complet. Et de même pour l'espace des (classes d'équivalence de) v.a. de carré intégrable muni de la distance $||X-Y|| = \sqrt{E(|X-Y|^2)}$.

1.8. CONDITIONNEMENT ET INDEPENDANCE

Soit d'abord un espace d'épreuves Ω fini et constitué d'éléments équiprobables. La probabilité $P(A|B)$ de l'événement A sous la condition que l'événement non vide B est réalisé est donc

$$P(A|B) = \frac{\text{nombre de cas favorables}}{\text{nombre de cas possibles}} = \frac{|A\cap B|}{|B|} = \frac{\frac{|A\cap B|}{|\Omega|}}{\frac{|B|}{|\Omega|}} = \frac{P(A\cap B)}{P(B)}$$

Par extension, on pose alors la définition suivante :

Définition 1.8.1 (Probabilité conditionnelle) Etant donné un espace de probabilité $(\Omega, \mathcal{A}, P)$, on appelle probabilité de $A (\in \mathcal{A})$ sous la condition que l'événement de probabilité non nulle $B (\in \mathcal{A})$ est réalisé le nombre

$$P(A \mid B) = \frac{P(A \cap B)}{P(B)}$$

Si $P(A|B) = P(A)$, la réalisation de A est"indépendante" de celle de B, en d'autres termes poser la condition que B soit réalisé ne modifie en rien la probabilité que A le soit. On a alors $P(A \cap B) = P(A)\,P(B)$ et on dit que les événements A et B sont indépendants. Ceci amène la définition générale suivante:

Définition 1.8.2 (σ-algèbres indépendantes) Etant donné un espace de probabilité $(\Omega, \mathcal{A}, P)$, on dit que les σ -algèbres $\mathcal{B}_i \subset \mathcal{A}$ $(1 \leq i \leq n)$ sont indépendantes lorsque pour tout $B_i \in \mathcal{B}_i$ $(1 \leq i \leq n)$ on a

$$P(B_1 \cap B_2 \cap \ldots \cap B_n) = P(B_1)\, P(B_2) \ldots P(B_n)$$

Et des événements A_i $(1 \leq i \leq n)$ sont dits indépendants lorsqu'ils appartiennent à des σ-algèbres $\mathcal{B}_i$ $(1 \leq i \leq n)$ indépendantes.

Naturellement, si les événements A_i $(1 \leq i \leq n)$ sont indépendants, on a $P(A_1 \cap \ldots \cap A_n) = P(A_1) \ldots P(A_n)$, mais cette relation de "splitting" inversement ne suffit pas à assurer l'indépendance des A_i car on doit encore avoir $P(A_i \cap A_j) = P(A_i)\, P(A_j)$ $(j \neq i)$, etc...

Définition 1.8.3 (Variables aléatoires indépendantes) Etant donné un espace de probabilité $(\Omega, \mathcal{A}, P)$, on dit que les v.a. réelles X_i $(1 \leq i \leq n)$ sont indépendantes lorsqu'elles sont respectivement mesurables par rapport à des σ -algèbres $\mathcal{B}_i$ $(1 \leq i \leq n)$ indépendantes, càd lorsque pour tout i fixé on a pour tout borelien B de la droite réelle

$$X_i^{-1}(B) \in \mathcal{B}_i$$

Si les v.a. indépendantes X_i $(1 \leq i \leq n)$ sont intégrables, on a alors la propriété de "splitting"

$$E(X_1\, X_2 \ldots X_n) = E(X_1)\, E(X_2) \ldots E(X_n)$$

De même que l'on peut calculer la probabilité d'un événement A sous la condition que l'événement B soit réalisé, de même on peut calculer l'espérance d'une v.a. X sous la condition que l'événement B soit réalisé, lorsque cette v.a. est quasi-intégrable. Etant donnée par exemple la v.a. étagée $X = \Sigma\, c_i\, 1_{A_i}$, son espérance $E(X|B)$ sous la condition que l'événement de probabilité non nulle B est réalisé est

$$E(X|B) = \Sigma\, c_i\, P(A_i|B) \ ,$$

l'extension naturelle de cette relation pour une v.a. par exemple intégrable X étant

$$E(X|B) = \int x\, P\, X^{-1}(dx|B)$$

avec $P\,X^{-1}(dx|B) = P\,\{X^{-1}(dx) \cap B\}/P(B)$ = probabilité de l'image réciproque $X^{-1}(dx)$ du borelien "infinitésimal" dx de la droite réelle, sous la condition que l'événement B est réalisé. Dans la pratique, l'événement B doit pouvoir être pris dans une sous σ -algèbre $\mathcal{B} \subset \mathcal{A}$. Le cas le plus simple est celui où $\mathcal{B}$ est la σ -algèbre engendrée par B , càd où $\mathcal{B} = \{B, B^c, \emptyset, \Omega\}$, les espérances $E(X|B)$ et $E(X|B^c)$ peuvent alors être regroupées pour constituer une variable aléatoire, à savoir

$$E(X|\mathcal{B}) = E(X|B)\, 1_B + E(X|B^c)\, 1_{B^c} \ ,$$

égale à $E(X|B)$ sur B et à $E(X|B^c)$ sur B^c , donc constante séparément sur B et sur B^c et étant par conséquent $\mathcal{B}$ -mesurable, et telle que de plus

$$\int_B E(X|\mathcal{B})\, dP = \int_B X\, d\, P$$

où B est maintenant un élément quelconque de $\mathcal{B}$ (i.e. où B est maintenant B, B^c, $\emptyset$ ou Ω). On appellera cette v.a. $E(X|\mathcal{B})$ l'espérance de X conditionnelle en $\mathcal{B}$, mais pour généraliser cette notion nous avons besoin du théorème de Radon-Nikodym qu'avant d'énoncer nous allons illustrer par un exemple.

Soit $\Omega = \{n; n \geq 1\}$ l'ensemble de tous les entiers ≥ 1, et $p_n (n \geq 1)$ une suite de nombres réels positifs t.q. $\sum_{n\geq 1} p_n = 1$. On peut alors définir une probabilité P sur la σ-algèbre $\mathfrak{A}$ des sous-ensembles de Ω en posant

$$P(A) = \sum_{n \in A} p_n .$$

Définissons semblablement une mesure positive μ sur $\mathfrak{A}$ en posant

$$\mu(A) = \sum_{n \in A} \mu_n$$

où $\mu_n (n \geq 1)$ est une suite de nombres réels positifs t.q. $\sum_{n \geq 1} \mu_n < \infty$. Supposons alors que μ soit absolument continue par rapport à P (en notation $\mu << P$), en ce sens que $\mu(N) = 0$ pour tout $N \in \mathfrak{A}$ t.q. $P(N) = 0$. Alors il existe une fonction positive $\rho : \Omega \longrightarrow R$, dite la densité de μ par rapport à P, telle que $\mu = \rho P$, càd explicitement telle que

$$\mu(A) = \sum_{n \in A} \rho(n)\, p_n \quad (= \int_A \rho \, d P) .$$

Sur l'ensemble $\{n : p_n = 0\}$ une telle densité est indéterminée (i.e. arbitraire), mais sur l'ensemble $\{n : p_n > 0\}$ on a nécessairement $\rho(n) = p_n/\mu_n$ si $\mu_n > 0$ et $= 0$ si $\mu_n = 0$. Deux densités ρ, σ de μ par rapport à P sont donc P-équivalentes en ce sens qu'elles sont égales sauf sur un ensemble de probabilité nulle, càd sont t.q. $P\{\rho \neq \sigma\} = 0$. Cet exemple reste d'ailleurs valable si la mesure μ n'est pas bornée, càd si $\mu(\Omega)$ $(= \sum \mu_n) = \infty$. Si alors la mesure μ est σ-finie, càd s'il existe une suite monotone croissante d'ensembles K_n, en l'occurrence $K_n = \{k : 1 \leq k \leq n\}$, t.q. $\Omega = \lim\uparrow K_n$ et $\mu(K_n) < \infty$ (auquel cas les μ_n sont tous finis), alors la densité ρ est p.s. finie, càd que $\rho(n) < \infty$ sur l'ensemble $\{n : p_n > 0\}$. Si la mesure μ est infinie mais pas σ-finie, la densité ρ est infinie sur l'ensemble $\{n : \mu_n = \infty\}$.

<u>Proposition</u> 1.8.1 (Théorème de Radon-Nikodym) Soit $(\Omega, \mathfrak{A}, P)$ un espace de probabilité et μ une mesure positive définie sur $\mathfrak{A}$ et absolument continue par rapport à P càd t.q. $\mu(N) = 0$ dès que $P(N) = 0$. Alors il existe une v.a. réelle $X \geq 0$, unique à une P-équivalence près, telle que

$$\mu(A) = \int_A X \, d P \qquad (A \in \mathfrak{A}).$$

Pour que la v.a. X soit intégrable, il faut et il suffit que la mesure μ soit bornée, càd t.q. $\mu(\Omega)<\infty$. Pour que la v.a. soit p.s. finie, il faut et il suffit que la mesure μ soit σ-finie, càd qu'il existe une suite K_n $(n\geq 1)$ telle que $\Omega=\lim\uparrow K_n$ et $\mu(K_n)<\infty$.

Soit alors une variable aléatoire $X\geq 0$ et posons $\mu = X\,P$ càd

$$\mu(A) = \int_A X\,dP \qquad (A\in\mathcal{A}).$$

Cette mesure μ est nécéssairement absolument continue par rapport à P, car en particulier $E(\infty\, 1_N) = 0$ dès que $P(N) = 0$. Considérons alors la restriction $\mu_{\mathcal{B}}$ de μ à une sous σ-algèbre $\mathcal{B}\subset\mathcal{A}$. Ainsi $\mu_{\mathcal{B}}$ est absolument continue par rapport à la restriction $P_{\mathcal{B}}$ de P à $\mathcal{B}$, de sorte qu'il existe une v.a. $E(X|B)\geq 0$ qui est $\mathcal{B}$-mesurable, unique à une $P_{\mathcal{B}}$-équivalence près, et telle que

$$\mu(B) = \int_B E(X|\mathcal{B})\,dP_{\mathcal{B}} \quad \left(= \int_B X\,dP\right) \qquad (B\in\mathcal{B}).$$

Afin d'identifier l'interprétation probabiliste de cette v.a. $E(X|B)$, prenons le cas le plus simple où $\mathcal{B} = (B,B^c,\emptyset,\Omega)$. Puisque $E(X|\mathcal{B})$ est $\mathcal{B}$-mesurable, elle est constante sur B et sur B^c. Si $P(B)>0$, sa valeur sur B est alors égale à

$$\frac{1}{P(B)} \int_B X\,dP$$

et si en particulier $X = 1_A$, cette valeur est $P(A|B)$. Ainsi $E(X|\mathcal{B})$ est l'espérance de X conditionnelle en $\mathcal{B}$. Ce qui vient d'être dit s'étendant immédiatement à une v.a. quasi-intégrable, on peut poser la définition suivante :

<u>Définition</u> 1.8.4 (Espérance conditionnelle) Soit un espace de probabilité $(\Omega,\mathcal{A},P)$, une sous σ-algèbre $\mathcal{B}\subset\mathcal{A}$ et une v.a. réelle quasi-intégrable X. On appelle alors espérance de X conditionnelle en $\mathcal{B}$ l'unique (à une P-équivalence près) v.a. $E(X|\mathcal{B})$ possédant les deux propriétés suivantes

(1) Elle est $\mathcal{B}$-mesurable

(2) Pour tout événement $B\in\mathcal{B}$ elle satisfait à la relation

$$\int_B E(X|\mathcal{B})\,dP = \int_B X\,dP .$$

En s'appuyant sur l'unicité à une équivalence près de l'espérance conditionnelle, on obtient immédiatement les relations suivantes

$$E(c\,X|\mathcal{B}) = c\,E(X|\mathcal{B}) \ , \quad E(X+Y|\mathcal{B}) = E(X|\mathcal{B}) + E(Y|\mathcal{B}),$$

où c est un nombre réel et X,Y, deux variables aléatoires t.q. $E(X^-) < \infty$ et $E(Y^-) < \infty$ (barrière de protection en bas), ou t.q. $E(X^+) < \infty$ et $E(Y^+) < \infty$ (barrière de protection en haut). Ces deux relations constituent une extension des relations correspondantes pour l'espérance, et on observe d'ailleurs que lorsque $\mathcal{B} = (\emptyset,\Omega)$, càd lorsque $\mathcal{B}$ est la plus petite σ-algèbre de sous-ensembles de Ω, alors $E(X|\mathcal{B}) = E(X)$ où $E(X)$ désigne ici la v.a. constante et égale à l'espérance de X. Ainsi on peut "sortir" de l'espérance conditionnelle des constantes, qui sont les v.a. $(\emptyset,\Omega)$-mesurables. Mais plus généralement on peut sortir de l'espérance conditionnelle toutes les v.a. mesurables par rapport à la σ-algèbre $\mathcal{B}$, car leur valeur y est supposée connue puisque l'espérance conditionnelle est calculée sous la condition que les événements de $\mathcal{B}$ sont supposés connus, càd ne sont plus aléatoires. En d'autres termes, sous réserve que les deux membres en soient définis (ce dont on s'assurera par des hypothèses adéquates de quasi-intégrabilité) on a la relation

$$E(Z\,X|\mathcal{B}) = Z\,E(X|\mathcal{B})$$

lorsque la v.a. Z est $\mathcal{B}$-mesurable. De plus, si $\mathcal{B}' \subset \mathcal{B}$ et en conditionnant d'abord par $\mathcal{B}$ puis par $\mathcal{B}'$, on obtient par unicité

$$E\left[E(X|\mathcal{B})\,|\,\mathcal{B}'\right] = E(X|\,\mathcal{B}')$$

dont la relation suivante est un cas particulier $(\mathcal{B}' = (\emptyset,\Omega))$

$$E\left[E(X|\mathcal{B})\right] = E(X) \ .$$

D'autre part, on montre immédiatement que l'espérance conditionnelle se comporte vis-à-vis des passages à la limite comme l'espérance elle-même. On a ainsi, sous les mêmes hypothèses concernant les barrières de protection, la limite séquentielle monotone (théorème de Beppo Lévi) et le théorème de Fatou-Lebesgue, il suffit pour obtenir les relations correspondantes de remplacer $E(.)$ par $E(.|\mathcal{B})$. Et semblablement pour l'équi-intégrabilité.

Passons maintenant à une notion fondamentale :

Définition 1.8.5 (Fonction de régression) Soit $(\Omega,\mathcal{A},P)$ un espace de probabilité, T une v.a. réelle (mesurable) et $\mathcal{C}$ la plus petite σ-algèbre de Boole pour laquelle T est mesurable. (En d'autres termes, $\mathcal{C}$ est la plus petite σ-algèbre de sous-ensembles de Ω t.q. pour tout borélien B de la droite réelle on ait $T^{-1}(B) \in \mathcal{C}$, cette σ-algèbre $\mathcal{C}$ étant nécessairement contenue dans $\mathcal{A}$ puisque par hypothèse T est mesurable).

Dans ces conditions, l'espérance $E(X|\mathcal{C})$ d'une v.a. réelle X conditionnelle en $\mathcal{C}$ étant une v.a. $\mathcal{C}$-mesurable, et toute v.a. $\mathcal{C}$-mesurable "factorisant" nécessairement à travers T càd étant nécessairement de la forme $f(T)$ où $f : R \longrightarrow R$ est une fonction mesurable (par rapport aux boreliens de la droite réelle R), il existe une telle fonction pour laquelle $E(X|\mathcal{C}) = f(T)$.

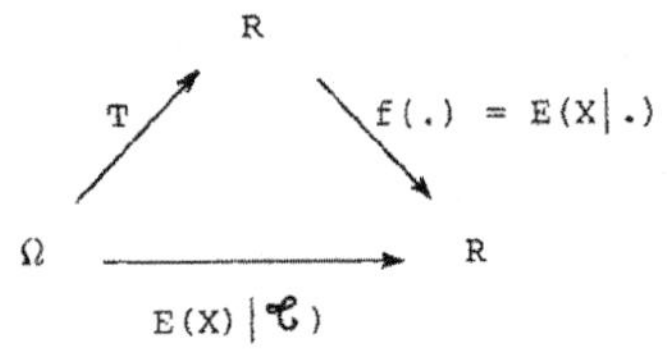

On note usuellement $t \longrightarrow E(X|t)$ cette fonction f que l'on appelle fonction de régression de X en $T = t$.

Ainsi $E(X|t)$, que l'on écrit encore $E(X|T = t)$ pour rappeler le rôle joué par T, apparaît comme l'espérance de la v.a. X sous la condition que $T = t$, ce que l'on peut expliciter de la manière suivante

$$E(X|T = t) = \int x \, P X^{-1}(dx|T = t)$$

exprimant que pour calculer l'espérance de X conditionnelle en $T = t$, on peut calculer cette espérance comme une espérance ordinaire, mais en utilisant la probabilité conditionnelle $P\{X \in dx | T = t\}$ au lieu d'utiliser la répartition $P\{X \in dx\}$ de la v.a. X. A vrai dire, la relation ci-dessus décomposant aussi naturellement le calcul de l'espérance conditionnelle en $T = t$ n'est pas toujours valable, mais elle l'est lorsque Ω est un espace métrique complet séparable muni de la σ-algèbre de ses ensembles boreliens (ce qui sera dans ce qui suit toujours le cas). On dispose en effet dans ce cas du théorème suivant :

Proposition 1.8.2 (Théorème de la fibre de Kuratowski) Soit un espace de probabilité $(\Omega,\mathcal{Q},P)$ avec Ω métrique complet séparable et $\mathcal{Q}$ la σ-algèbre des ensembles boreliens de Ω. Soit d'autre part $T : \Omega \rightarrow R$ une v.a. réelle.

Alors pour tout $t \in R$ il existe une probabilité $P(\ |T = t)$ sur $\mathcal{Q}$ telle que

(1) $t \rightarrow P(.|t)$ est mesurable pour tout ensemble fixé $. \in \mathcal{Q}$

(2) il existe $N \subset R$ négligeable pour $P\,T^{-1}$ (i.e. t.q. $P\,\{T \in N\} = 0$) tel que

$$\text{si } t \notin N \quad \text{alors} \quad P(T^{-1}(t)|t) = 1$$

(3) pour tout $A \in \mathcal{Q}$ et tout borelien B de R

$$P(A \cap T^{-1}(B)) = \int_B P\,T^{-1}(dt)\, P(A|T = t)\ .$$

(Le second membre de cette dernière relation se lit : "somme sur B de la probabilité que $T \in dt$ multipliée par la probabilité que sous cette condition l'événement A soit réalisé"). A partir de chaque probabilité $P(\ |T = t)$ on peut construire une espérance $E(X|T = t)$ d'une v.a. réelle $X \geq 0$ par exemple. On a alors d'après (3) et la formule 1.4.2 du changement de variable

$$\int_{T^{-1}(B)} X dP = \int_B PT^{-1}(dt)\ E(X|T = t) = \int_{T^{-1}(B)} E(X|T)\ dP$$

de sorte que puisque la v.a. $E(X|T)$ est $\mathcal{C}$-mesurable et que $T^{-1}(B)$ parcourt $\mathcal{C}$, cette variable aléatoire est effectivement l'espérance de X conditionnelle en $\mathcal{C}$.

Cette notion de fonction de régression (qui sera plus loin éclairée par de nombreux exemples) va jouer dans ce qui suit un rôle fondamental. En effet, toutes les observables (vitesse, masse, moment, énergie, spin,...) que nous considérerons en Mécanique Quantique seront fonction d'un certain nombre d'espérances conditionnelles qui factoriseront à travers la position X_t du processus de diffusion considéré. Pour fixer les idées, soit M (par exemple l'espace R^3 à trois dimensions, ou une sphère,...) la variété parcourue par cette diffusion et prenons le cas d'une observable simple (e.g. la vitesse) définie comme l'espérance conditionnelle en X_t d'une v.a. qu'on va noter lim (en l'occurence $\lim h^{-1}(X_{t+h} - X_t)$ mais il faudra préciser comment prendre cette limite). Ainsi cette variable aléatoire $E(\lim|X_t)$ factorisera à travers la position X_t suivant le diagramme

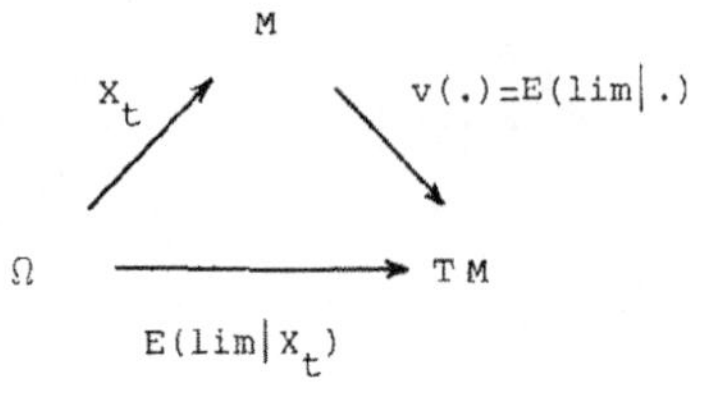

où TM désigne le fibré tangent à M (la vitesse est tangente à M) càd l'ensemble des plans tangents à la variété M . Il existe donc une fonction de régression $v : M \to TM$ telle que $v(q) = E(\lim|X_t = q)$ = vitesse de la diffusion lorsque sa position $X_t = q$. Le résultat net est que le maniement des observables considérées (qui sont en fait des variables aléatoires) se réduira à celui de fonctions de régression et de leurs combinaisons, en d'autres termes se réduira à l'extrême simplicité d'un calcul différentiel et intégral sur des fonctions différentiables.

1.9. MARTINGALES

Définition 1.9.1 (Martingale, sous-martingale) Soit un espace de probabilité $(\Omega,\mathcal{A},P)$ et une suite monotone croissante $\mathcal{A}_n (n\geq 1)$ de σ-algèbres contenues dans $\mathcal{A}$, càd telles que $\mathcal{A}_1 \subset \mathcal{A}_2 \subset \ldots \subset \mathcal{A}_n \subset \mathcal{A}_{n+1} \subset \ldots \subset \mathcal{A}$. On appelle martingale adaptée à la suite $\mathcal{A}_n (n\geq 1)$ toute suite $X_n (n\geq 1)$ de v.a. intégrables telles que

(1) X_n est $\mathcal{A}_n$-mesurable

(2) $X_n = E(X_{n+1}|\mathcal{A}_n)$

Si la relation (2) est remplacée par la relation moins restrictive

(2 bis) $X_n \leq E(X_{n+1}|\mathcal{A}_n)$ (resp. $\geq$)

on dit que la suite $X_n (n\geq 1)$ est une sous-martingale. (resp. sur-martingale)

Il résulte de la relation (2) que l'on a d'ailleurs aussi bien

$$X_n = E\left[E(X_{n+2}|\mathcal{A}_{n+1})|\mathcal{A}_n\right] = E\left[X_{n+2}|\mathcal{A}_n\right] = \dots ,$$

d'où pour une martingale la relation de cohérence plus générale

$$X_n = E(X_{n+k}|\mathcal{A}_n) \qquad (k\geq 0)$$

et semblablement pour une sous-martingale avec le signe $\leq$.

Par exemple, soit X_∞ une v.a. intégrable, et posons $X_n = E(X_\infty|\mathcal{A}_n)$. Alors la suite $X_n (n\geq 1)$ ainsi définie constitue une martingale adaptée à la suite monotone croissante $\mathcal{A}_n (n\geq 1)$. Etant donnée une martingale, une telle v.a. X_∞ n'existe pas nécessairement, mais lorsqu'il en est ainsi (cf. Proposition 1.9.3 ci-dessus) on dit que X_∞ ferme la martingale.

Si d'autre part $X_n (n\geq 1)$ est une martingale, alors les suites $|X_n|$ et $X_n^+ (n\geq 1)$ sont des sous-martingales. On a en effet

$$|X_n| = |E(X_{n+1}|\mathcal{A}_n)| \leq E(|X_{n+1}||\mathcal{A}_n)$$

$$X_n^+ = \max\ (E(X_{n+1}|\mathcal{A}_n), 0) \leq E\left[\max(X_{n+1}, 0)|\mathcal{A}_n\right] = E(X_{n+1}^+|\mathcal{A}_n).$$

La propriété que nous utiliserons essentiellement des martingales est la suivante :

<u>Proposition</u> 1.9.1 (Majoration de la probabilité des écarts d'une martingale : temps discret) Soit $X_n (n\geq 1)$ une (sous)-martingale. On a alors "l'inégalité de martingale"

$$P\{\max_{1\leq k\leq n} X_k \geq R\} \leq \frac{1}{R} E(X_n^+)$$

majorant la probabilité d'un dépassement par la (sous)-martingale du nombre $R>0$ en l'un des n premiers instants.

<u>Démonstration</u> : Décomposons l'événement $B = \{\max_{1\leq k\leq n} X_k \geq R\}$ en la somme $\sum_{k=1}^{n} B_k$ où les B_k sont les événements 2 à 2 disjoints

$$B_k = \bigcap_{1\leq j\leq k} \{X_j < R\} \cap \{X_k \geq R\}$$

constituées respectivement des épreuves pour lesquelles le dépassement s'effectue pour la première fois à l'instant k . On a donc d'abord

$$E(X_n^+) \geq \int_B X_n^+ \, dP = \sum_{k=1}^{n} \int_{B_k} X_n^+ \, dP = \sum_{k=1}^{n} \int_{B_k} E(X_n^+ | \mathcal{A}_k) \, dP ,$$

la dernière inégalité venant de la définition même de l'espérance conditionnelle et du fait que $B_k \in \mathcal{A}_k$ puisque, la martingale étant adaptée à $\mathcal{A}_n (n \geq 1)$ et les v.a. X_j et X_k étant ainsi $\mathcal{A}_j$ et $\mathcal{A}_k$-mesurables, on a $\{X_j < R\} \in \mathcal{A}_j \subset \mathcal{A}_k$ et $\{X_k \geq R\} \in \mathcal{A}_k$. On achève alors en minorant le dernier terme ci-dessus par

$$\geq \sum_{k=1}^{n} \int_{B_k} E(X_n | \mathcal{A}_k) \, dP \overset{*}{=} \sum_{k=1}^{n} \int_{B_k} X_k \, dP \geq \sum_{k=1}^{n} RP(B_k) = RP(B)$$

où on applique le fait que $X_n (n \geq 1)$ est une martingale pour obtenir l'égalité marquée d'une astérisque, et le fait que $X_k \geq R$ au-dessus de B_k pour obtenir l'inégalité qui suit. On observera que cette majoration de la probabilité des écarts reste valable aussi bien lorsque $X_n (n \geq 1)$ est une sous-martingale, il suffit de remplacer $\overset{*}{=}$ par $\overset{*}{\geq}$ et d'utiliser pour cela le fait que $X_n (n \geq 1)$ est une sous-martingale.

La majoration ci-dessus de la probabilité des écarts s'étend immédiatement au cas d'une (sous) martingale $X_t (t \geq 0)$ indexée par un paramètre temporel t parcourant non plus un ensemble dénombrable mais un intervalle de la droite réelle et adaptée à une famille $\mathcal{A}_t (t \geq 0)$ monotone croissante de σ -algèbres (i.e. telle que $\mathcal{A}_s \subset \mathcal{A}_t \subset \ldots \subset \mathcal{A}$ lorsque $s \leq t$) dès que les trajectoires de cette (sous) martingale sont continues. En effet, la continuité de ces trajectoires $t \to X_t(\omega)$ entraîne que

$$\{\max_{s \leq t} X_s \geq R\} = \lim_{\varepsilon \downarrow 0} \downarrow (\lim_{n \uparrow \infty} \uparrow \{\max_k X_{k2^{-n}} \geq R - \varepsilon\})$$

(lire : "Pour qu'en au moins un instant $s \leq t$ on ait $X_s(\omega) \geq R$, il faut et il suffit que pour tout $\varepsilon > 0$ il existe au moins un couple d'entiers n,k avec $0 \leq k \leq [t2^n]$ = plus grand entier $\leq t2^n$ tel que l'on ait $X_{k2^{-n}} \geq R - \varepsilon$").

On a donc montré aussi bien le résultat suivant :

<u>Proposition</u> 1.9.1 (Majoration de la probabilité des écarts d'une martingale :

temps continu) Soit $X_t (t \geq 0)$ une (sous) martingale dont presque sûrement les trajectoires sont continues. On a alors "l'inégalité de martingale"

$$P \{\sup_{s \leq t} |X_s| \geq R\} \leq \frac{1}{R} E(X_t^+)$$

L'inégalité suivante sera utilisée à la place de l'inégalité de Hölder lorsque l'intégrale sera remplacée par une intégrale stochastique :

<u>Proposition</u> 1.9.2 (Majoration du moment d'ordre 2 d'une martingale) Soit $X_t (t \geq 0)$ une martingale adaptée à $\mathfrak{A}_t (t \geq 0)$ et dont presque sûrement les trajectoires sont continues. On a alors l'inégalité

$$E \left[\sup_{s \leq t} |X_s|^2 \right] \leq 4 \, E\left[|X_t|^2 \right].$$

<u>Démonstration</u> : Puisque (presque sûrement) les trajectoires sont continues, les v.a. $\sup_{s \leq t} |X_s|^2$ et $\sup_{s \text{ rat} \leq t} |X_s|^2$ sont identiques. On peut donc se restreindre à ne considérer la martingale qu'au-dessus de l'ensemble des instants rationnels. On a d'abord, d'après le théorème de Fubini (interversion des intégrations)

$$\int_{\Omega} dP \int_{[0, \sup|X_s|]} x \, dx = \int_{[0,\infty]} x \, dx \int_{\{\sup|X_s| \geq x\}} dP \quad ,$$

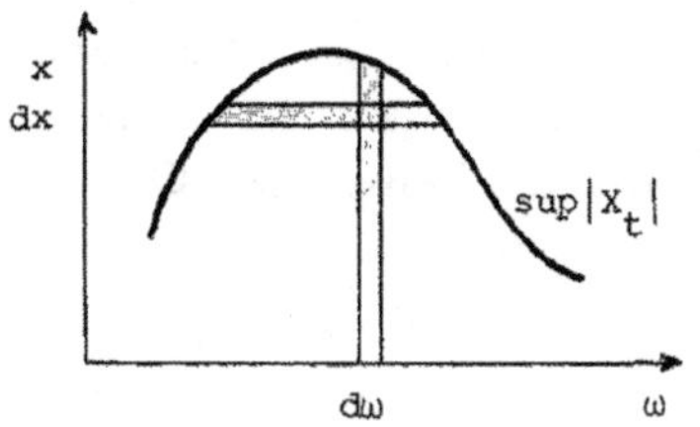

càd, en décomposant l'événement $\{\sup_{s\leq t} |X_s| \geq x\}$ en la somme $\sum_{s\leq t} B_s$ où les B_s sont les événements 2 à 2 disjoints

$$B_s = \bigcap_{r<s} \{|X_r| < x\} \cap \{|X_s| \geq x\} ,$$

l'intersection étant d'ailleurs dénombrable puisque les instants r,s sont rationnels,

$$E\left[\frac{1}{2}(\sup_{s\leq t} |X_s|)^2\right] = \sum_{s\leq t} \int_0^\infty x dx \int 1_{B_s} dP$$

$$\leq \sum_{s\leq t} \int_0^\infty dx \int |X_s| \, 1_{B_s} dP$$

puisque $x \leq |X_s|$ sur B_s, d'où, en observant que $|X_s|$ $(s\geq 0)$ est une sous-martingale adaptée à $\mathfrak{A}_s(s\geq 0)$ et que $B_s \in \mathfrak{A}_s$, l'inégalité

$$E\left[\frac{1}{2}(\sup_{s\leq t} |X_s|^2)\right] \leq \sum_{s\leq t} \int_0^\infty dx \int |X_t| \, 1_{B_s} dP$$

$$= \int_0^\infty dx \int_{\{\sup|X_s|\geq x\}} |X_t| dP$$

$$= E\left[|X_t| \, (\sup_{s\leq t} |X_t|)\right] ,$$

la dernière égalité s'obtenant après avoir interverti une nouvelle fois les intégrations. Ainsi par l'inégalité de Hölder on obtient effectivement l'inégalité annoncée.

Voici enfin un résultat important de la théorie des martingales, dont l'énoncé se transpose immédiatement au cas d'une martingale à temps continu $X_t(t\geq 0)$ adaptée à une suite monotone croissante $\mathfrak{A}_t(t\geq 0)$ et dont presque sûrement les trajectoires sont continues :

<u>Proposition</u> 1.9.3 (Fermeture d'une martingale) Soit une martingale $X_n(n\geq 1)$ adaptée à la suite de σ-algèbres monotone croissante $\mathfrak{A}_n(n\geq 1)$. Si la famille de v.a. $X_n(n\geq 1)$ est équi-intégrable, alors il existe une v.a. intégrable X_∞ telle que

(1) $\lim$ p.s. $X_n = X_\infty$

(2) $X_n = E(X_\infty|\mathfrak{A}_n)$.

2 MESURE DE WIENER ET MOUVEMENT BROWNIEN

Nous allons d'abord donner une définition du mouvement brownien équivalente à celle donnée historiquement pour la première fois, mais en faisant apparaître la répartition de Gauss directement à l'aide du théorème de Laplace, plutôt que comme solution d'une équation différentielle (à savoir l'équation de diffusion). Après quoi nous construirons la mesure et le processus de Wiener, et donnerons la définition générale du mouvement brownien dont le processus de Wiener est un représentant particulier.

2.1. PREMIERE DEFINITION DU MOUVEMENT BROWNIEN

On appelle variance d'une v.a. X intégrable le nombre

$$\mathrm{Var}(X) = \int |X-E(X)|^2 \, dP = \int |X|^2 \, dP - E(X)^2 < \infty .$$

Si donc en particulier $E(X) = 0$, alors on a $\mathrm{Var}(X) = E(|X|^2)$. On dira que la v.a. X est centrée si $E(X) = 0$, et qu'elle est réduite si $\mathrm{Var}(X) = 1$.

Le théorème de Laplace va être la pierre de base du formalisme que nous allons construire :

Proposition 2.1.1 (Théorème de Laplace) Soit un espace de probabilité $(\Omega,\mathcal{A},P)$ et une suite $X_n (n\geq 1)$ de v.a. réelles indépendantes, équiréparties (i.e. de même répartition), centrées et réduites. Alors on a

$$\lim_n P\{a \leq \frac{X_1+\ldots+X_n}{\sqrt{n}} \leq b\} = \frac{1}{\sqrt{2\pi}} \int_a^b \exp\left(-\frac{x^2}{2}\right) dx .$$

Imaginons alors un mobile se déplaçant sur la droite réelle, partant de l'origine à l'instant $t = 0$ et effectuant à chaque instant $t = k\,\Delta t (k\geq 1)$ où $\Delta t > 0$ est arbitrairement fixé un saut (la trajectoire est donc ici discontinue) de longueur $\pm\Delta x$ avec la même probabilité pour chaque direction (à droite ou à gauche). A l'instant t sa position est donc

$$W_t = X_1 + X_2 + \ldots + X_{[t/\Delta t]} \; ,$$

où $[t/\Delta t]$ désigne la partie entière de $t/\Delta t$ (i.e. le plus grand entier $\leqslant t/\Delta t$), et où $(X_n)_{n \geqslant 1}$ désigne une suite de v.a. indépendantes et équi-réparties telles que $P\{X_n = +\Delta x\} = P\{X_n = -\Delta x\} = 1/2$, donc centrées et de variance $(\Delta x)^2$.

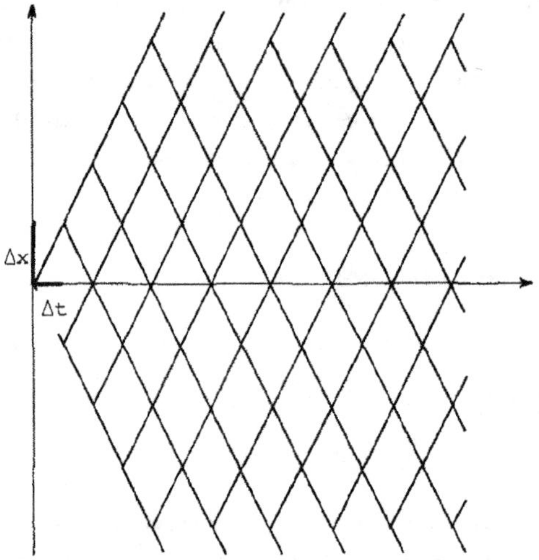

On aura donc d'après le théorème de Laplace, chaque v.a. $X_n/\Delta x$ étant centrée réduite, lorsque l'instant t reste fixe mais que $\Delta t \downarrow 0$ de sorte que l'entier $[t/\Delta t]$ augmente indéfiniment

$$P \left\{a \leqslant \frac{W_t}{\Delta x \sqrt{\frac{t}{\Delta t}}} \leqslant b\right\} \simeq \frac{1}{\sqrt{2\pi}} \int_a^b \exp\left(-\frac{x^2}{2}\right) dx \; ,$$

mais pour effectuer le passage à la limite il nous faut supposer que $\Delta x/\sqrt{\Delta t}$ tend vers une limite fixe qu'on notera $\sqrt{2D}$. On aura alors

$$P \; \{a \leqslant W_t \leqslant b\} = \frac{1}{\sqrt{4\pi D t}} \int_a^b \exp\left(-\frac{x^2}{4Dt}\right) dx \; .$$

En conclusion, nous avons imposé pour effectuer le passage à la limite que pendant l'intervalle de temps Δt la variance de la diffusion est $\Delta x^2 = 2\,D\Delta t$ où D est une constante finie qu'on appellera le coefficient de diffusion. La position du mobile à l'instant t est alors une v.a. W_t gaussienne centrée et de variance $2\,Dt$, de sorte que $E(W_t^2) = 2\,Dt$. Dans tout ce qui suit, on posera pour normaliser $2\,D = 1$, et l'on reconnaîtra dans $\Delta x^2 = \Delta t$ et $E(W_t^2) = t$ la relation fondamentale $dW^2 = dt$.

2.2. MESURE DE WIENER

L'étude précédente est incomplète car elle ne dit rien sur les trajectoires du mouvement brownien ; en fait ses trajectoires sont (p.s.) continues, ce qui va résulter directement de la relation $dW^2 = dt$, la mesure de Wiener étant construite alors sur la σ-algèbre des boreliens de l'espace (métrique, complet, séparable) des trajectoires continues.

Supposons pour alléger les notations que l'intervalle temporel (d'observation de la diffusion) est compact (i.e. fermé et borné), en l'occurence prenons l'intervalle $[0,1]$. Posons $D = \bigcup_{n\geqslant 0} D_n$ où D_o est l'ensemble constitué du seul nombre 1, et où $D_n (n\leqslant 1)$ est l'ensemble des nombres dyadiques de rang $\leqslant n$ de l'intervalle $]0,1]$, càd l'ensemble des fractions de la forme $k/2^n$ avec $0 < k \leqslant 2^n$. Nous allons d'abord construire une probabilité P^D sur l'espace produit $R^D = \prod_{t\in D} R_t$ où $R_t \equiv R$ (droite réelle) muni de la σ-algèbre $\mathfrak{A}^D$ engendrée par les ensembles fondamentaux $W_t^{-1}(B)$ où B est un borelien de la droite réelle, où t parcourt D, et où $W_t : R^D \to R_t$ est l'application coordonnée qui à la trajectoire $\omega^D \in R^D$ associe la position $W_t(\omega^D) = \omega^D(t)$ à l'instant $t>0$ du mobile parcourant ω^D. Pour cela, non seulement on pose

$$P^D\,\{a\leqslant W_t \leqslant b\} = \frac{1}{\sqrt{2\pi t}} \int_a^b \exp\left(-\frac{x^2}{2t}\right) dx \,,$$

déterminant ainsi par hypothèse la probabilité de l'événement constitué des trajectoires visitant à l'instant t l'intervalle $[a,b]$, mais on pose encore afin d'exprimer qu'à partir de chaque instant le processus "repart à zéro" ("starting afresh")

$$P^D \{ \bigcap_{1\leq k\leq n} W_{t_k}^{-1} ([a_k,b_k]) \} =$$

$$\int_{a_1}^{b_1} \int_{a_2}^{b_2} \cdots \int_{a_n}^{b_n} \frac{\exp\left[-\frac{x_1^2}{2t_1}\right]}{\sqrt{2\pi t_1}} \frac{\exp\left[-\frac{(x_2-x_1)^2}{2(t_2-t_1)}\right]}{\sqrt{2\pi(t_2-t_1)}} \cdots \frac{\exp\left[-\frac{(x_n-x_{n-1})^2}{2(t_n-t_{n-1})}\right]}{\sqrt{2\pi(t_n-t_{n-1})}}$$

$$. \, dx_1 \, dx_2 \ldots dx_n \quad .$$

Puisque (avec $s\leq t$) on a

$$\frac{\exp\left[-\frac{(b-a)^2}{2t}\right]}{\sqrt{2\pi t}} = \int \frac{\exp\left[-\frac{(b-x)^2}{2(t-s)}\right]}{\sqrt{2\pi(t-s)}} \frac{\exp\left[-\frac{(x-a)^2}{2s}\right]}{\sqrt{2\pi s}} dx \ ,$$

cette hypothèse est cohérente et il est facile de vérifier (par "starting afresh") que

$$E(W_s W_t) = s\wedge t \qquad\qquad (s,t\in D)$$

où $s\wedge t$ désigne le plus petit des deux nombres s et t . Soit alors $\mathcal{B}^D$ l'algèbre de Boole engendrée par les événements fondamentaux $\bigcap_{1\leq k\leq n} \{a_k\leq W_{t_k}\leq b_k\}$, cette algèbre de Boole étant constituée d'événements de R^D dépendant d'un nombre fini d'instants. On démontre que P^D est une probabilité définie sur $\mathcal{B}^D$, et qu'en particulier elle possède la propriété de continuité séquentielle monotone en $\emptyset$. D'après le théorème de Kolmogorov, cette probabilité se prolonge d'une manière unique en une probabilité $P^D : \mathcal{A}^D \to [0,1]$ définie sur la σ-algèbre $\mathcal{A}^D$ engendrée par $\mathcal{B}^D$, ou ce qui revient au même, engendrée par les événements fondamentaux. Nous avons ainsi obtenu un premier espace de probabilité, à savoir l'espace $(R^D,\mathcal{A}^D,P^D)$.

Soit maintenant Ω l'espace constitué des fonctions continues $\omega : [0,1] \to R$ t.q. $\omega(0) = 0$, càd l'espace des trajectoires éventuelles d'un mobile se déplaçant continuement sur la droite réelle en partant à l'instant 0 de l'origine. Désignons par $\mathcal{A}$ la σ-algèbre des événements de Ω engendrée par les ensembles $W_t^{-1}(B)$ où B est un borelien de R , où t parcourt $[0,1]$, et où $W_t : \Omega \longrightarrow R$ est maintenant l'application coordonnée t.q. $W_t(\omega) = \omega(t)$. Nous allons construire sur $\mathfrak{a}$ une probabilité W (dite mesure de Wiener) image de la probabilité P^D par une application mesurable $T : R^D \longrightarrow \Omega$ que nous allons définir, ce qui nous donnera l'espace de Wiener $(\Omega, \mathfrak{a}, W)$.

Proposition 2.2.1 (Ensembles boreliens de l'espace des trajectoires Ω)
L'espace Ω constitué des trajectoires continues $\omega : [0,1] \longrightarrow R$ avec $\omega(0) = 0$ muni de la topologie de la convergence uniforme est un espace métrique complet séparable, et la σ-algèbre $\mathfrak{a}$ de ses ensembles boreliens coïncide avec

(1) la plus petite σ-algèbre $\sigma(W_t; 0\leq t\leq 1)$ rendant mesurables les applications coordonnées $W_t : \Omega \longrightarrow R$ $(0\leq t\leq 1)$

(2) la plus petite σ-algèbre $\sigma(W_t;\ t\in D)$ rendant mesurables les applications coordonnées $W_t : \Omega \longrightarrow R$ $(t\in D)$

Démonstration : La topologie de la convergence uniforme est définie par la distance

$$d(\omega,\omega') = \sup_{0\leq t\leq 1} |W_t(\omega) - W_t(\omega')|$$

entre $\omega, \omega' \in \Omega$. De plus l'ensemble dénombrable $\Omega_{\text{dén.}} \subset \Omega$ constitué des fonctions linéaires par morceau $(n\geq 0)$

$$t \longrightarrow \omega(t) = \sum_{k=1}^{m} \left[\omega(\frac{k}{2^n}) - \omega(\frac{k-1}{2^n})\right] + (2^n t - m) \left[\omega(\frac{m+1}{2^n}) - \omega(\frac{m}{2^n})\right]$$

où $m\leq 2^n t\leq m+1$, et à valeurs rationnelles en tout instant dyadique, est partout dense dans Ω .

Montrons alors (1) et pour cela soit $\mathfrak{a}$ la σ-algèbre des boreliens de Ω , càd la σ-algèbre engendrée par les boules ouvertes $\{\omega: d(\omega,\omega_i)<1/n\}$ où $n\geq 1$ et $\omega_i \in \Omega_{\text{den.}}$. Cette σ-algèbre $\mathfrak{a}$ n'est autre que la plus petite σ-algèbre $\sigma(W_t; 0\leq t\leq 1)$ rendant mesurables toutes les applications coordonnées W_t. En effet chaque application $W_t : \Omega \longrightarrow R$ est continue, de sorte que $W_t^{-1}(U) \in \mathfrak{a}$ pour tout ouvert U de la droite réelle, donc $W_t^{-1}(B) \in \mathfrak{a}$ pour tout borelien B de la droite réelle. Et inversement les éléments de Ω étant des fonctions continues, la distance d factorise à travers les applications W_t avec $t \in D$ de la manière suivante

$$d(\omega,\omega') = \lim_{n\uparrow\infty} \uparrow \left(\max_{t\in D_n} |W_t(\omega) - W_t(\omega')| \right) ,$$

de sorte que $d : \Omega\times\Omega \longrightarrow R$ est $\sigma(W_t; 0\leq t\leq 1)$-mesurable et qu'ainsi chaque boule ouverte est dans la σ-algèbre $\sigma(W_t; 0\leq t\leq 1)$.

La démonstration de (2) est identique à celle de (1)

Définissons donc l'application mesurable $T : R^D \longrightarrow \Omega$. Pour tout entier $n\geq 1$ désignons par $T_n : R^D \longrightarrow \Omega$ l'application qui à $\omega^D \in R^D$ associe la fonction $T_n(\omega^D)$, nulle en $t = 0$, linéaire par morceaux et ayant les mêmes valeurs que ω^D aux instants dyadiques de rang $\leq n$, à savoir la trajectoire continue $T_n(\omega^D)$ telle que

$$T_n(\omega^D)(t) = \omega^D\left(\frac{1}{2^n}\right) + \sum_{k=2}^{m} \left[W_{\frac{k}{2^n}}(\omega^D) - W_{\frac{k-1}{2^n}}(\omega^D)\right]$$

$$+ (2^n t - m)\left[W_{\frac{m+1}{2^n}}(\omega^D) - W_{\frac{m}{2^n}}(\omega^D)\right] ,$$

où m est la partie entière $[2^n t]$ de $2^n t$, càd l'entier t.q. $m\leq 2^n t < m+1$. Il résulte de la Proposition précédente, à savoir $\mathcal{Q} = \sigma(W_t; t\in D)$, que chacune des applications $T_n (n\geq 1)$ est mesurable. Montrons alors que

$$P^D \{\liminf T_n = \limsup T_n\} = 1 ,$$

en d'autres termes montrons que la probabilité que la suite $T_n (n\geq 1)$ soit convergente est égale à 1. Nous poserons alors

$$T = \lim T_n$$

sur l'ensemble de convergence, et sur l'ensemble de divergence $\{\liminf T_n < \limsup T_n\}$ nous poserons $T = 0$ (= fonction égale à 0 en chaque instant t), de sorte que $T : R^D \longrightarrow \Omega$ (partout définie sur R^D

et à valeurs dans l'espace des trajectoires continues Ω) sera elle-même mesurable, la probabilité image $W = P^D T^{-1}$ pouvant alors être définie.

Afin d'établir que la probabilité de l'ensemble de convergence est 1, on remarque que pour tout couple d'instants $s,t \in D = \bigcup_{n \geq 0} D_n$, la v.a. réelle

$$W_{\frac{s+t}{2}} - \frac{W_s + W_t}{2}$$

est gaussienne, centrée, et de variance $\frac{|t-s|}{4}$, ce dernier point résultant de la relation $E(W_s\ W_t) = s \wedge t$. Il résulte de la relation générale $(n \geq 1)$

$$\frac{1}{\sqrt{2\pi}} \int \xi^{2n} \exp\left(-\frac{\xi^2}{2}\right) d\xi = 1.3\ldots(2n-1)$$

que, prenant par exemple $n=2$ auquel cas on a "$dW^4 = 3\ dt^2$", on obtient

$$\int_{R^d} \left| W_{\frac{s+t}{2}} - \frac{W_s + W_t}{2} \right|^4 dP^D = \frac{3}{16}(t-s)^2 .$$

Décomposons alors T_n en la somme $T_n = T_o + \sum_{m=1}^{n-1} (T_{m+1} - T_m)$. La fonction $(T_{n+1} - T_n)(\omega^D) : [0,1] \longrightarrow R$ est nulle en chacun des instants dyadiques $k/2^n (0 \leq k \leq 2^n)$ de rang $\leq n$ et atteint son maximum en l'un des instants dyadiques de rang $n+1$,

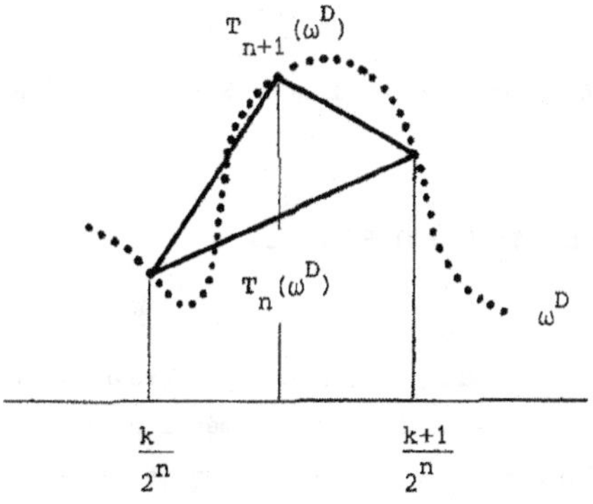

càd en l'un des instants $\frac{2k-1}{2^n}$ $(1\leq k\leq 2^n)$, sa valeur en chacun de ces 2^n instants étant

$$W_{\frac{2k-1}{2^{n+1}}}(\omega^D) - \frac{W_{\frac{k-1}{2^n}}(\omega^D) + W_{\frac{k}{2^n}}(\omega^D)}{2}$$

Ce maximum est donc largement majoré par la somme des valeurs absolues de ces 2^n valeurs, d'où pour tout $\varepsilon > 0$ la majoration

$$\varepsilon^4 P^D \{||T_{n+1}-T_n|| \geq \varepsilon\} \int_{R^D} ||T_{n+1} - T_n||^4 \, dP^D \leq 2^n . \frac{3}{16} (\frac{1}{2^n})^2 = \frac{3}{16} \frac{1}{2^n} ,$$

de sorte que puisque (on prend ici $\varepsilon = 1/n^2$)

$$\sum_{n\geq 1} P^D \{||T_{n+1} - T_n|| \geq \frac{1}{n^2}\} < \infty ,$$

d'après le lemme de Borel-Cantelli la somme $\sum_{n\geq 1} ||T_{n+1} - T_n||$ est presque sûrement convergente (i.e. converge sur un ensemble de probabilité 1) puisque d'après ce lemme seul un nombre fini des événements $\{||T_{n+1} - T_n|| \geq \frac{1}{n^2}\}$ se réalise. En d'autres termes, sur un ensemble de probabilité 1, les trajectoires approchées $T_n(\omega^D) : [0,1] \to R$ convergent uniformément vers une trajectoire continue et nulle en $t = 0$ que nous notons $T(\omega^D)$, et dont d'ailleurs la restriction à l'ensemble temporel dyadique $D \subset [0,1]$ coïncide avec ω^D elle-même (i.e. $W_t(T(\omega^D)) = W_t(\omega^D)$ pour tout instant $t \in D$).

La construction de la mesure de Wiener $W = P^D T^{-1}$ est donc terminée.

2.3. PROCESSUS DE WIENER ET MOUVEMENT BROWNIEN

Définition 2.3.1 (Processus de Wiener et mouvement brownien) Soit l'espace de Wiener $(\Omega, \mathcal{Q}, W)$ constitué de l'espace Ω (métrique complet séparable) des trajectoires $\omega : (0,\infty) \to R$ continues (munies de la topologie de la convergence uniforme sur les intervalles temporels compacts), de la σ-algèbre $\mathcal{A}$ des boreliens de Ω, et de la mesure de Wiener W sur $\mathcal{A}$. On appelle processus de Wiener le processus $W : \Omega \rightarrow \Omega$ t.q. $W(\omega) = \omega$ (noté encore $W = W_t(t \geq 0)$) dont la répartition $W\ W^{-1}$ est donc la mesure de Wiener.

Plus généralement, étant donné un espace de probabilité $(\Omega_o, \mathcal{A}_o', P_o)$ on appelle mouvement brownien (de coefficient de diffusion $D = 1/2$) tout processus $B : \Omega_o \rightarrow \Omega$ (noté encore $B = B_t(t \geq 0)$) dont la répartition $P_o B^{-1}$ est identique à la mesure de Wiener W.

Dans la définition ci-dessus du processus de Wiener, l'application $W : \Omega \rightarrow \Omega$ est l'application identique considérée comme une variable aléatoire. Dans la définition ci-dessus du mouvement brownien, nous introduisons un espace de probabilité "source", à savoir $(\Omega_o, \mathcal{A}_o, P_o)$, qui est l'espace "caché" sur lequel sont définies les "variables cachées". L'application du théorème de Laplace, càd le passage à la limite sur les comportements cachés, permet de construire directement le formalisme de la Mécanique Quantique sur l'espace de Wiener lui-même qui en devient ainsi la pierre de base.

D'après l'hypothèse du "starting afresh", l'accroissement $W_{s+t} - W_s(t \geq 0)$ du processus de Wiener à partir de sa position à l'instant s fixé est lui-même un processus de Wiener indépendant du processus de Wiener $W_u(0 \leq u \leq s)$, ou ce qui est équivalent, indépendant de la σ-algèbre $\mathcal{A}_s = \sigma(W_u ; 0 \leq u \leq s)$ des événements antérieurs ($\leq$) à l'instant s. De plus, on a maintenant, pour tout couple d'instants $s,t \geq 0$, la relation

$$E(W_s\, W_t) = s \wedge t ,$$

où $s \wedge t$ est le plus petit des instants s et t. On peut la vérifier en observant qu'elle est vraie pour les instants dyadiques, et qu'on peut passer à la limite sur les instants réels quelconques parce que d'une part les trajectoires du processus de Wiener sont continues (le processus de Wiener étant donc continu en probabilité) et que d'autre part la famille de v.a W_t (avec $0 \leq t \leq 1$ pour fixer une borne supérieure aux instants considérés) est (de carré) équi-intégrable, ce qui se vérifie (cf. Prop.1.7.1) au moyen de la célèbre répartition donnée par Bachelier de la probabilité des écarts

$$P\ \{\sup_{t\leq 1} W_t \geq R\} = \frac{2}{\sqrt{2\pi}} \int_R^\infty \exp\left(-\frac{x^2}{2}\right) dx ,$$

cet exemple de passage à la limite par équi-intégrabilité étant typique des passages à la limite qui seront ainsi effectués ultérieurement.

Proposition 2.3.1 (Martingales caractéristiques du mouvement brownien) Soit $\mathcal{A}_s = \sigma(W_u ; 0\leq u\leq s)$ la σ -algèbre des événements antérieurs ($\leq$) à l'instant s . Alors le processus de Wiener $W_t (t\geq 0)$ vérifie les deux relations suivantes ($s\leq t$)

$$(1)\ E\left[W_t - W_s | \mathcal{A}_s\right] = 0$$

$$(2)\ E\left[(W_t - W_s)^2 | \mathcal{A}_s\right] = t-s ,$$

en d'autres termes W_t et $W_t^2 - t$ sont deux martingales adaptées à $\mathcal{A}_t (t\geq 0)$. Inversement, si les v.a. $W_t (t\geq 0)$ avec $W_t(\omega) = \omega(t)$ vérifient les deux relations ci-dessus, alors la répartition de la v.a. $W : \Omega \to \Omega$ est la mesure de Wiener.

Démonstration : On a pour tout $A \in \mathcal{A}_s$ les relations

$$\int_A (W_t - W_s)\ dW = E(1_A)\ E(W_t - W_s) = 0$$

$$\int_A (W_t - W_s)^2\ dW = E(1_A)\ (t-s) = \int_A (t-s)\ dW ,$$

qui établissent respectivement (1) et (2). Il en résulte que si $t\geq s$, on a encore $E\left[W_t | \mathcal{A}_s\right] = W_s$ et $E\left[W_t^2 - t | \mathcal{A}_s\right] = W_s^2 - s$, ce qui établit que W_t et $W_t^2 - t$ sont des martingales. On admettra la réciproque.

2.4. LA MARTINGALE EXPONENTIELLE

Considérons le processus $X_t = W_t + bt$ résultante du processus de Wiener et d'un mouvement (rectiligne) uniforme de vitesse constante b .

La répartition de sa position X_t à un instant t fixé est

$$\text{Prob}\ \{X_t \in dx\} = \frac{1}{\sqrt{2\pi t}} \exp\left[-\frac{(x-bt)^2}{2t}\right] dx$$

$$= \exp\left(bx - \frac{b^2}{2}t\right) \frac{1}{\sqrt{2\pi t}} \exp\left(-\frac{x^2}{2t}\right) dx \,.$$

Ainsi la fonction $\rho(t,x) = \exp\left(bx - \frac{b^2}{2}t\right)$ est la densité de la répartition de X_t par rapport à la répartition de W_t. Si nous la factorisons à travers la position $W_t = x$ du processus de Wiener à l'instant t, nous obtenons une fonctionnelle importante du processus de Wiener.

<u>Proposition</u> 2.4.1 (Martingale exponentielle du mouvement brownien) La fonctionnelle du processus de Wiener

$$M_t = \exp\left[b\,W_t - \frac{b^2}{2}t\right]$$

est une martingale adaptée à $\mathfrak{A}_t = \sigma(W_s; s \leq t)$.

Inversement, si la fonctionnelle

$$M_t = \exp\left[\theta\,X_t - \frac{\theta^2}{2}t\right]$$

du processus p.s. à trajectoires continues $X_t(t \geq 0)$ est pour toute constante $\theta \in R$ une martingale adaptée à $\mathfrak{B}_t = \sigma(X_s; s \leq t)$, alors la répartition de la variable aléatoire $X : \Omega \longrightarrow \Omega$ est la mesure de Wiener et le processus $X_t(t \geq 0)$ est un mouvement brownien. Et si en particulier $X_t = W_t$ (i.e. si $X_t(\omega) = W_t(\omega) = \omega(t)$) alors X_t n'est autre que le processus de Wiener.

<u>Démonstration</u> : On a d'abord $E(M_t) = 1$ puisque d'après la formule du changement de variable

$$E(M_t) = \int \exp\left(bx - \frac{b^2}{2}t\right) W\{W_t \in dx\} = \int \frac{\exp -\left[\frac{(x-bt)^2}{2t}\right]}{\sqrt{2\pi t}}\, dx = 1$$

D'autre part, la v.a. M_t est égale au produit $M_s\, M_t^s$ avec

$$M_t^s = \exp\left[b(W_t - W_s) - \frac{b^2}{2}(t-s)\right] \qquad (s \leq t)$$

On a alors, toujours avec $s<t$,

$$E\left[M_t | \mathcal{A}_s\right] = E\left[M_s\, M_t^s | \mathcal{A}_s\right] = M_s\, E\left[M_t^s | \mathcal{A}_s\right] = M_s\ .$$

Inversement, supposons que pour toute constante $\theta(\geq 0)$, la fonctionnelle M_t est une martingale adaptée à $\mathcal{B}_t$. En différentiant deux fois la relation de martingale (l'espérance étant prise par rapport à une probabilité P)

$$E\left[\exp\left(\theta X_t - \frac{\theta^2}{2} t\right) | \mathcal{B}_s\right] = \exp\left(\theta X_s - \frac{\theta^2}{2} s\right)$$

par rapport à la constante θ , on obtient successivement les relations

$$E\left[(X_t - \theta t)\, M_t | \mathcal{B}_s\right] = (X_s - \theta s) M_s$$

$$E\left[((X_t - \theta t)^2 - t)\, M_t | \mathcal{B}_s\right] = ((X_s - \theta s)^2 - s)\, M_s\ ,$$

qui lorsque $\theta = 0$ se réduisent respectivement aux relations exprimant que X_t et $X_t^2 - t$ sont des martingales adaptées à $\mathcal{B}_t$. Il suffit dès lors de s'appuyer sur la précédente Proposition 2.3.1 (ou bien poursuivre indéfiniment les différentiations pour identifier la répartition de Gauss par ses moments). La justification des différentiations ainsi effectuées repose sur l'intégrabilité par rapport à la mesure produit $dx\, dP$ des fonctions $(X_t - xt)\, M_t$ et $((X_t - xt)^2 - t)\, M_t$ sur $[0,\theta]\times\Omega$, cette intégrabilité reposant elle-même sur la majoration de la probabilité des écarts de la martingale M_t (Proposition 4.4.2)

2.5. PROCESSUS DE WIENER A PLUSIEURS DIMENSIONS

Le processus de Wiener de dimension d est par définition le processus $W_t = (W_t^1, \ldots, W_t^d)_{t \geq 0}$, dont les composantes $W_t^{\cdot}$ sont des processus de Wiener de dimension 1 indépendants, et parcourant l'espace euclidien R^d muni du produit scalaire usuel $\langle x, y\rangle = \Sigma\, x_i\, y_i$. Pour assurer l'indépendance de ces d processus de Wiener de dimension 1 , on pose maintenant pour tout "intervalle" d-dimensionnel $[a,b] = \prod_{i=1}^{d} [a_i, b_i]$

$$P^D \{W_t^{-1}([a,b])\} = P^D \{ W_t^{1^{-1}}([a_1,b_1])\} \times \ldots \times P^D \{W_t^{d^{-1}}([a_d,b_d])$$

$$= (\int_{a_1}^{b_1} \frac{\exp\left[-\frac{x_1^2}{2t}\right]}{\sqrt{2\pi t}} dx_1) \times \ldots \times (\int_{a_d}^{b_d} \frac{\exp\left[-\frac{x_d^2}{2t}\right]}{\sqrt{2\pi t}} dx_d)$$

$$= \int_a^b \frac{\exp\left[-\frac{|x|^2}{2t}\right]}{(2\pi t)^{d/2}} dx$$

avec $a = (a_1,\ldots,a_d)$, $b = (b_1,\ldots,b_d)$, $|x|^2 (= \langle x,x\rangle) = x_1^2+\ldots+x_d^2$ et $dx = dx_1 \ldots dx_d$. Et plus généralement ("starting afresh")

$$P^D \{ \bigcap_{1\leq k\leq n} W_{t_k}^{-1}([a_k,b_k])\} =$$

$$\int_{a_1}^{b_1} \int_{a_2}^{b_2} \ldots \int_{a_n}^{b_n} \frac{\exp\left[-\frac{|x_1|^2}{2t_1}\right]}{(2\pi t_1)^{d/2}} \frac{\exp\left[-\frac{|x_2-x_1|^2}{2(t_2-t_1)}\right]}{(2\pi(t_2-t_1))^{d/2}} \frac{\exp\left[-\frac{|x_n-x_{n-1}|^2}{2(t_n-t_{n-1})}\right]}{(2\pi(t_n-t_{n-1}))^{d/2}}$$

$$. \, dx_1 \, dx_2 \ldots dx_n ,$$

ce qui nous donne maintenant la probabilité que le processus W_t visite aux instants $t_1<t_2<\ldots<t_n$ les n-intervalles d-dimensionnels $[a_1,b_1]$,..., $[a_n,b_n]$. On observera qu'ainsi

$$E\left[\langle W_s,W_t\rangle\right] = \int\langle x,y\rangle \, P^D \{W_s\in dx \, ; \, W_t\in dy\}$$

$$= \int x_1 \, y_1 \, P^D \{W_s^1 \in dx_1 \, ; \, W_t^1 \in dy_1\} + \ldots$$

$$= s\wedge t + \ldots = d(s\wedge t)$$

La construction donnée ci-dessus de la mesure de Wiener s'étend dès lors d'une manière immédiate au cas d-dimensionnel. On a en particulier les relations, avec $\mathcal{O}\!\!\mathcal{l}_s = \sigma(W_u; u\leq s)$,

$$E \left[\langle W_s,W_t\rangle\right] = d(s\wedge t) ,$$

$$E \left[W_{s+t}-W_s | \mathcal{O}\!\!\mathcal{l}_s\right] = 0 , \; E \left[|W_{s+t}-W_s|^2 | \mathcal{O}\!\!\mathcal{l}_s\right] = d.t ,$$

la relation fondamentale "$d\, W^2 = dt$" devenant ici "$d\, W^2 = d.dt$". Enfin, la martingale exponentielle a maintenant pour expression

$$M_t = \exp\left[\langle b, W_t\rangle - \frac{|b|^2}{2} t\right].$$

3 DIFFERENTIELLES ET INTEGRALES STOCHASTIQUES

Le but de ce chapitre est de donner les définitions et les règles essentielles du calcul différentiel et intégral stochastique, et en particulier de montrer comment on intègre une équation différentielle stochastique à coefficients lipschitziens. L'intégrale stochastique est d'abord définie globalement sur l'espace de toutes les trajectoires par convergence en moyenne d'ordre 2, puis seulement localement sur chacun des sous-ensembles d'une partition dénombrable de l'espace des trajectoires par convergence presque sûre en utilisant alors des subdivisions de l'intervalle temporel dont le pas tende suffisamment vite (en l'occurence exponentiellement) vers 0, le calcul différentiel en particulier devenant ainsi plus flexible.

3.1. INTEGRALE STOCHASTIQUE

Il y a des fonctionnelles du processus de Wiener pour lesquelles la définition de l'intégrale stochastique

$$\int_0^t f\, dW_s$$

est évidente. Si par exemple $f : [0,\infty) \times \Omega$ est telle que

$$f = \sum_{k=1}^{n} c_{k-1}\, 1_{[t_{k-1},t_k[}$$

où les c_k sont des constantes réelles, et où $0 = t_0 < t_1 < \ldots < t_n = t < \infty$, on pose naturellement

$$\int_0^t f\, dW_s = \sum_{k=1}^{n} c_{k-1}\, (W_{t_k} - W_{t_{k-1}})$$

Observant alors que $E\left[\left(\int_s^t dW_u\right)^2\right] = t-s$, on étend immédiatement la définition de l'intégrale stochastique à des fonctionnelles plus générales de la manière suivante :

Définition 3.1.1 (Intégrale stochastique par convergence quadratique) Pour toute fonctionnelle $f : [0,\infty) \times \Omega$ simple, càd de la forme

$$f = \sum_{k=1}^{n} f_{k-1} 1_{[t_{k-1},t_k[}$$

où $0 = t_0 < t_1 < \ldots < t_n = t < \infty$ et où $f_{k-1} : \Omega \longrightarrow R$ est une v.a. $\mathfrak{A}_{t_{k-1}}$ $(= \sigma(W_s ; s \leq t_{k-1}))$-mesurable, on pose

$$\int_0^t f\, dW_s = \sum_{k=1}^{n} f_{k-1} (W_{t_k} - W_{t_{k-1}}) ,$$

définissant ainsi une variable aléatoire sur l'espace de Wiener $(\Omega, \mathfrak{A}, W)$ qui satisfait à la relation d'isométrie

$$E\left[\left(\int_0^t f dW_s\right)^2\right] = E\left[\int_0^t f^2\, dt\right]$$

dès que $f_k \in L^2(W)$ = espace des v.a. définies sur Ω et de carré intégrable pour la mesure de Wiener W . Ces dernières fonctionnelles simples munies du produit scalaire

$$\langle f,g\rangle = E\left[\int_0^t f dW_s \cdot \int_0^t g dW_s\right]$$

engendrent un espace de Hilbert $L^2(W_t)$ de fonctionnelles définies sur $[0,\infty) \times \Omega$ pour lesquelles on pose par définition

$$\int_0^t (\lim f_n)\, dW_s = \lim \int_0^t f_n dW_s$$

où la limite des f_n (simples) au premier membre est prise dans $L^2(W_t)$ et la limite des intégrales au second membre est prise dans $L^2(W)$.

La Proposition suivante constitue en particulier l'extension de la Proposition 2.3.1 à cette intégrale stochastique évidemment linéaire :

Proposition 3.1.1 (Premières propriétés de l'intégrale stochastique) Pour toute fonctionnelle $f \in L^2(W_t)$ on a

$$E\left[\int_0^t f dW_s\right] = 0$$

$$E\left[\left(\int_0^t f dW_s\right)^2\right] = E\left[\int_0^t f^2 ds\right].$$

De plus, le processus $t \to \int_0^t f dW_s$ est presque sûrement à trajectoires continues et on a les relations plus générales suivantes où $s \leq t$ et $\mathcal{A}_s = \sigma(W_u ; u \leq s)$

$$(1) \qquad E\left[\int_s^t f dW_u \,|\, \mathcal{A}_s\right] = 0$$

$$(2) \qquad E\left[\left(\int_s^t f dW_u\right)^2 |\, \mathcal{A}_s\right] = E\left[\int_s^t f^2 du \,|\, \mathcal{A}_s\right],$$

en d'autres termes les processus $\int_0^t f dW_u$ et $\left(\int_0^t f dW_u\right)^2 - \int_0^t f^2 du$ sont deux martingales p.s. à trajectoires continues et adaptées à $\mathcal{A}_t (t \geq 0)$.

Démonstration : Toutes les propriétés énoncées sont immédiates pour les fonctionnelles simples. Par exemple, la relation d'isométrie s'obtient par une suite de conditionnements, pour obtenir successivement, avec $\Delta W_k = W_{t_k} - W_{t_{k-1}}$ et $\Delta t_k = t_k - t_{k-1}$

$$E\left[\left(\int_0^t f dW_s\right)^2\right] = E\left[\left(\sum_{k=1}^n f_{k-1} \Delta W_k\right)^2 |\, \mathcal{A}_{n-1}\right]$$

$$= E\left[\left(\sum_{k=1}^{n-1} f_{k-1} \Delta W_k\right)^2 + f_{n-1}^2 \Delta t_k\right] = \ldots$$

$$= E\left[\sum_{k=1}^n f_{k-1}^2 \Delta t_k\right] = E\left[\int_0^t f^2 ds\right].$$

D'autre part, la convergence dans $L^2(W)$ de la suite d'intégrales $\int_0^t f_n dW_s (n \geq 1)$ entraîne que de la suite de fonctionnelles simples $f_n (n \geq 1)$ on peut extraire une sous-suite (notée encore f_n pour simplifier) telle que

$$E\left[\int_0^t (f_n - f_{n-1})^2 ds\right] \leq \frac{1}{2^n},$$

et donc telle que, chaque processus $s \longrightarrow (\int_0^s (f_n - f_{n-1}) dW_n)^2$ étant une sous-martingale, l'on ait d'après (Proposition 1.9.1) l'inégalité de sous-martingale

$$W \{\sup_{s \leq t} |\int_0^s f_n \, dW_u - \int_0^s f_{n-1} \, dW_u| \geq R\} \leq \frac{1}{R^2} \frac{1}{2^n}$$

de sorte qu'en prenant $R = R_n = n2^{-n/2}$, d'après le premier lemme de Borel-Cantelli, la sous-suite $\int_0^s f_n \, dW_u$ $(n \geq 1)$ converge uniformément en $s \leq t$ sur un ensemble dont la mesure de Wiener est égale à 1, d'où presque sûrement la continuité des trajectoires $s \longrightarrow \int_0^s f(\omega) \, dW_u(\omega)$.

Les autres propriétés sont immédiates.

Nous savons donc pour un certain nombre de fonctionnelles donner un sens à l'intégrale stochastique. Soit par exemple la fonctionnelle $f(t,\omega) = W_t(\omega)$ qui est effectivement dans $L^2(W_t)$ puisque par interversion des intégrations (théorème de Fubini) on a $E[\int_0^t W_s^2 \, ds] = t^2/2$. Prenons alors comme suite approximante $f_n (n \geq 1)$ celle des fonctionnelles simples

$$f_n(W_t) = \sum_{k \geq 1} W_{\frac{k-1}{2^n}} \, 1_{[\frac{k-1}{2^n}, \frac{k}{2^n}]}(t)$$

d'où la suite approximante d'intégrales stochastiques

$$\int_0^t f_n(W_s) ds = \sum_{k=1}^m W_{\frac{k-1}{2^n}} (W_{\frac{k}{2^n}} - W_{\frac{k-1}{2^n}}) + \text{reste} ,$$

où $m \leq 2^n t < m+1$ et où le reste $W_{m2^{-n}}(W_t - W_{m2^{-n}})$ tend vers 0 dans $L^2(W_t)$. Au reste près, le second membre

$$\sum_{k=1}^m W_{k-1}(W_k - W_{k-1}) ,$$

où W_k est écrit ici pour $W_{k2^{-n}}$, est algébriquement identique à

$$\frac{1}{2}\left[\sum_{k=1}^{m}(W_k^2-W_{k-1}^2)-\sum_{k=1}^{m}(W_k-W_{k-1})^2\right]=\frac{1}{2}\left[W_m^2-W_o^2-\sum_{k=1}^{m}(W_k-W_{k-1})^2\right].$$

Or d'une part $W_o = 0$, et d'autre part nous allons montrer que la somme $\Sigma(W_k-W_{k-1})^2$ ci-dessus converge dans $L^2(W)$ vers t (formule $dW^2= dt$) de sorte qu'on aura établi que

$$\int_0^t W_s\, dW_s = \frac{1}{2}(W_t^2-t) ,$$

au second membre apparaissant le terme inattendu $-t$, cependant indispensable pour que ce second membre soit effectivement une martingale.

Proposition 3.1.2 (Formule $dW^2= dt$ en moyenne d'ordre 2) Pour toute subdivision finie $S = \{0=t_o<t_1<\ldots<t_n= t\}$ de l'intervalle $[0,t]$ notons

$$\Delta W_S^2 = \sum_{k=1}^{n}(W_{t_k}-W_{t_{k-1}})^2$$

Alors ΔW_S^2 tend vers t dans $L^2(W)$ lorsque le pas $\max\limits_{1\leqslant k\leqslant n}|t_k-t_{k-1}|$ de la subdivision S tend vers 0 .

Démonstration : On doit montrer que $E\left[(\Delta W_S^2-t)^2\right]$ $(= \mathrm{Var}(\Delta W_S^2))$ tend vers 0 lorsque le pas de S tend vers 0 . Or dans le développement du second membre de la relation

$$E\left[(\Delta W_S^2-t)^2\right] = E\left[(\Sigma\, \Delta W_k^2-\Sigma\, \Delta t_k)^2\right]$$

avec $\Delta W_k^2 = (W_{t_k}-W_{t_{k-1}})^2$ et $\Delta t_k = t_k-t_{k-1}$, les termes rectangles $E\left[(\Delta W_i^2-\Delta t_i)(\Delta W_j^2-\Delta t_j)\right]$ sont nuls dès que $i \neq j$. Il reste donc en utilisant la majoration $(A+B)^2\leqslant 2(A^2+B^2)$

$$E\left[\Sigma(\Delta W_k^2-\Delta t_k)^2\right]\leqslant 2E\left[\Sigma(\Delta W_k^4+\Delta t_k^2)\right] ,$$

et comme on a $E\left[\Delta W_k^4\right] = 3\Delta t_k^2$, le terme majorant est égal à

$$8\Sigma\, \Delta t_k^2 = 8\Sigma(t_k-t_{k-1})^2\leqslant 8t(\max_k|t_k-t_{k-1}|) \rightarrow 0$$

En corollaire, nous pouvons voir deux choses :

D'abord, qu'il existe une suite de subdivisions (dont le pas tende assez rapidement, par exemple exponentiellement, vers 0) telle que presque sûrement ΔW_S^2 tende vers t . C'est en particulier le cas des subdivisions dyadiques de pas respectifs 2^{-n} puisqu'on a alors

$$W\{|\Delta W_S^2-t|\geq R\}\leq \frac{1}{R^2} E\left[(\Delta W_S^2-t)^2\right]\leq \frac{1}{R^2}\cdot\frac{8t}{2^n},$$

et qu'en prenant $R = R_n = n2^{-n/2}$, on peut appliquer le premier lemme de Borel-Cantelli. Aussi ces subdivisions dyadiques, introduisant des majorations de l'ordre de 2^{-n} comme le terme $8t\ 2^{-n}$ ci-dessus, vont-elles jouer un rôle important dans l'extension par convergence presque sûre de la définition donnée ci-dessus de l'intégrale stochastique. Mais de plus, comme pour le processus de Wiener de coefficient de diffusion D on aura plus généralement lim p.s. $\Delta W_S^2 = 2\ Dt$, il en résulte que deux mesures de Wiener W_1 et W_2 correspondant à des coefficients de diffusion différents D_1 et D_2 sont nécessairement orthogonales, en ce sens qu'il existe des sous-ensembles Ω_1 et Ω_2 de Ω tels que $W_i(\Omega_i) = 1$ $(i=1,2)$ et $W_i(\Omega_j) = 0$ $(i \neq j)$. C'est là un fait important lié en particulier à la propriété que les dérivées à droite et à gauche d'une diffusion sont des opérateurs adjoints, ce qui va entraîner l'exactitude de la forme différentielle fondamentale ω_1 (Proposition 5).

Ensuite, que presque sûrement les trajectoires du processus de Wiener sont à variation totale non bornée, ce qui exclut de pouvoir définir l'intégrale stochastique comme une intégrale de Stieltjes. On a en effet

$$\Delta W_S^2 \leq (\Sigma|W_{t_k}-W_{t_{k-1}}|)(\max_k|W_{t_k}-W_{t_{k-1}}|),$$

et comme il existe une suite de subdivisions (par exemple les subdivisions dyadiques) pour lesquelles presque sûrement ΔW_S^2 converge vers $t<\infty$, et que presque sûrement les trajectoires du processus de Wiener sont continues, nécessairement le terme majorant a une limite de la forme $\infty.0$.

Revenons au terme inattendu $-t$ dans la relation ci-dessus que nous écrivons maintenant

$$\frac{1}{2} W_t^2 = \int_0^t W_s \, dW_s + \frac{1}{2} t ,$$

ou équivalemment, sous forme différentielle

$$d(\frac{1}{2} W_t^2) = W_t \, dW_t + \frac{1}{2} dt .$$

Nous obtenons donc ici, contrairement à la relation classique $d(x^2) = 2x \, dx$, un terme supplémentaire en dt qui provient de la règle $dW^2 = dt$ appliquée au développement poussé jusqu'au second ordre

$$d(\frac{1}{2} W_t^2) = W_t \, dW_t + \frac{1}{2} dW_t^2 = W_t \, dW_t + \frac{1}{2} dt .$$

La Proposition suivante énonce ce résultat d'une manière plus générale.

Proposition 3.1.3 (Formule de Ito en moyenne d'ordre 2) Soit une fonction (indéfiniment) différentiable $\varphi : R \rightarrow R$ à dérivée seconde φ'' bornée. Alors l'image $\varphi(W_t)$ de W_t par φ est un processus p.s. à trajectoires continues tel que

$$\varphi(W_t)-\varphi(W_o) = \int_0^t \varphi'(W_s)dW_s + \frac{1}{2}\int_0^t \varphi''(W_s) \, ds ,$$

ou équivalemment, sous forme différentielle, qui satisfait à l'équation différentielle stochastique

$$d\,\varphi(W_t) = \varphi'(W_t) \, dW_t + \frac{1}{2} \varphi''(W_t) \, dt .$$

On passe donc du développement taylorien poussé jusqu'au second ordre à l'équation différentielle stochastique en appliquant la règle $dW^2 = dt$.

Démonstration : Nous avons à montrer que lorsque le pas de la subdivision finie $S = \{0=t_o<t_1<\ldots<t_n = t\}$ de l'intervalle $[0,t]$ tend vers 0, l'expression

$$\varphi(W_t) - \varphi(W_o) = \sum_{k=1}^{n} [\varphi(W_{t_k})-\varphi(W_{t_{k-1}})]$$

$$= \sum_{k=1}^{n} \varphi'(W_{t_{k-1}})(W_{t_k}-W_{t_{k-1}}) + \frac{1}{2}\sum_{k=1}^{n} \varphi''(W_{\theta_k})(W_{t_k}-W_{t_{k-1}})^2 ,$$

avec $t_{k-1}<\theta_k<t_k$, converge dans $L^2(W)$ vers le second membre de la relation ci-dessus. Or d'une part $\varphi'(W_t) \in L^2(W_t)$ puisque $|\varphi'(W_t)|^2 \leq 2\left||\varphi'(0)|^2 + ||\varphi''||^2|W_t|^2\right|$ avec $||\varphi''|| = \sup |\varphi''|<\infty$, et qu'i résulte du théorème de convergence par équi-intégrabilité que

$$E\left[\left(\int_0^t \varphi'(W_s)dW_s - \sum_{k=1}^n \varphi'(W_{t_{k-1}})(W_{t_k}-W_{t_{k-1}})\right)^2\right]$$

$$= E\left[\int_0^t \left(\varphi'(W_s) - \sum_{k=1}^n \varphi'(W_{t_{k-1}})\, 1_{|t_{k-1},t_k|}(s)\right)^2 ds\right] \to 0$$

puisque $||\varphi''||<\infty$ et que les trajectoires du processus de Wiener sont continues. Et d'autre part, on a d'après l'inégalité de Minkowski

$$E\left[\left(\int_0^t \varphi''(W_s)ds - \sum_{k=1}^n \varphi''(W_{\theta_k})\, \Delta W_k^2\right)^2\right]^{\frac{1}{2}}$$

$$\leq E\left[\left(\sum_{k=1}^n \varphi''(W_{t_{k-1}})\, \Delta t_k - \sum_{k=1}^n \varphi''(W_{t_{k-1}})\, \Delta W_k^2\right)^2\right]^{\frac{1}{2}} + \text{reste} ,$$

le reste tendant vers 0 . On achève en observant que

$$E\left[\left(\sum_{k=1}^n \varphi''(W_{t_{k-1}})(\Delta t_k - \Delta W_k^2)\right)^2\right]$$

tend vers 0 , ceci résultant de la précédente Proposition 3.1.2 et de ce que $||\varphi''||<\infty$.

3.2. EQUATIONS DIFFERENTIELLES STOCHASTIQUES

Jusqu'ici nous avons établir que le processus $\varphi(W_t)$ image du processus de Wiener W_t par l'application (indéfiniment) différentiable $\varphi : R \to R$ satisfait dans $L^2(W)$ (et lorsque φ'' est borné) à l'équation intégrale

$$\varphi(W_t) - \varphi(W_0) = \int_0^t \varphi'(W_s)dW_s + \frac{1}{2}\int_0^t \varphi''(W_s)\, ds ,$$

ou ce qui est équivalent, à l'équation différentielle stochastique

$$d\varphi(W_t) = \varphi'(W_t)dW_t + \frac{1}{2}\varphi''(W_t)dt .$$

Mais la définition donnée de l'intégrale stochastique nous permet de donner un sens dans $L^2(W)$ au second membre de l'équation intégrale plus générale

$$X_t - X_o = \int_o^t f(X_s)dW_s + \int_o^t g(X_s)ds$$

dès que la fonctionnelle $f(X_s)$ est dans $L^2(W_t)$ et que l'intégrale de la fonctionnelle $g(X_s)$ est elle-même dans $L^2(W)$. Cependant, afin d'obtenir une solution $t \to X_t$ unique, p.s. à trajectoires continues et non anticipative en ce sens que pour tout instant $t \geq 0$, la v.a. X_t est $\mathcal{Q}_t$ $(=\sigma(W_s; s \leq t))$-mesurable, posons d'abord la définition suivante :

Définition 3.2.1 (Fonctionnelle mesurable non anticipative) On dit d'une fonctionnelle $f : [0,\infty) \times \Omega \to R$ qu'elle est mesurable et non anticipative (ou plus brièvement, non anticipative tout court) lorsque les deux conditions suivantes sont satisfaites

(1) f est mesurable par rapport à la σ-algèbre $\mathcal{Q} \otimes \mathcal{B}([0,\infty))$ engendrée par les ensembles $A \times B$ avec $A \in \mathcal{Q}$ et $B \in \mathcal{B}([0,\infty))$ (i.e. avec B sous-ensemble borelien de $[0,\infty)$).

(2) $f(t,\omega) : \Omega \to R$ est une v.a. $\mathcal{Q}_t (= \sigma(W_s; s \leq t))$-mesurable pour tout instant $t \geq 0$ fixé.

Il est évident que les fonctionnelles simples introduites ci-dessus sont non anticipatives, de sorte qu'il en est de même des éléments de $L^2(W_t)$ qui sont des limites au sens presque sûr de suites de fonctionnelles simples.

Proposition 3.2.1 (Solution d'une équation différentielle stochastique à coefficients lipschitziens) Soit $f,g : R \to R$ deux fonctions (continues) lipschitziennes d'ordre 1, càd t.q. il existe une constante K telle que pour tout $x,y \in R$ on ait

$$|f(x)-f(y)| \leq K|x-y| \quad \text{et} \quad |g(x)-g(y)| \leq K|x-y| .$$

Alors pour toute condition initiale $X_o \in L^2(W)$ indépendante de $W_t(t\geq 0)$, il existe un processus $X_t(t\geq 0)$ solution de l'équation intégrale

$$X_t = X_o + \int_0^t f(X_s)dW_s + \int_0^t g(X_s)ds$$

et possédant les deux propriétés suivantes :

(1) presque sûrement les trajectoires $t \longrightarrow X_t(\omega)$ sont continues ,

(2) la famille $(X_s)_{s\leq t}$ est de carré équi-intégrable pour tout instant $t\geq 0$ fixé.

De plus, une telle solution (non anticipative) est unique à une équivalence près, càd que deux solutions X^1 et X^2 vérifiant (1) et (2) sont telles que

$$W\{\sup_t |X_t^1 - X_t^2| = 0\} = 1$$

Démonstration : Les fonctions f et g étant lipschitziennes d'ordre 1, on observera d'abord qu'il existe alors une constante K' telle que

$$|f(x)|^2 \leq K'^2(1+|x|^2) \qquad \text{et} \qquad |g(x)|^2 \leq K'^2(1+|x|^2).$$

Pour simplifier les notations, on supposera que $K = K' = 1/2$ et on écrira la démonstration dans le cas où $t\leq 1$.

Etape 1 (Unicité)

Soit deux solutions X_t^1 et X_t^2 $(t\geq 0)$ vérifiant les propriétés (1) et (2). On a alors

$$\Psi(t) = E\left[|X_t^1 - X_t^2|^2\right] = E\left[\left|\int_0^t f\, dW_s + \int_0^t g\, ds\right|^2\right]$$

où on pose $f = f(X_t^1) - f(X_t^2)$ et $g = g(X_t^1) - g(X_t^2)$, puis

$$\leq 2(K^2+K^2)\; E\left[\int_0^t |X_s^1 - X_s^2|^2 ds\right] = \int_0^t E\left[|X_s^1 - X_s^2|^2\right] ds$$

d'où la suite d'inégalités

$$\Psi(t) \leq \int_0^t \Psi(s)ds \leq \ldots \leq \int_0^t \frac{(t-s)^n}{n\,!} \Psi(s)ds$$

le dernier terme tendant vers O d'après le théorème de Lebesgue sur la convergence dominée puisque $\Psi(s)$ est bornée d'après l'équi-intégrabilité (condition (2)). Ainsi on a $E\left[|X_t^1-X_t^2|^2\right] = 0$ et donc

$$W\{\sup_{t \text{ rat.}} |X_t^1-X_t^2| = 0\} = 1 .$$

Mais puisque X_t^1 et X_t^2 $(t\geq 0)$ ont presque sûrement leurs trajectoires continues (condition (1)), on a encore nécessairement

$$W\{\sup_t |X_t^1-X_t^2| = 0\} = 1 .$$

Etape 2 (Existence)

On suppose avoir déjà démontré l'équi-intégrabilité (condition (2)), et on désigne par $\overline{\mathfrak{A}}_t (= \sigma(X_o, W_s; s\leq t))$ la plus petite σ-algèbre rendant mesurables les v.a. X_o et $W_s (s\leq t)$.

On définit inductivement les fonctionnelles non anticipatives

$$X_t^o = X_o$$

$$X_t^n = X_o + \int_0^t f(X_s^{n-1})dW_s + \int_0^t g(X_s^{n-1})ds \qquad (n\geq 1).$$

Montrons alors que $X_t^n (n\geq 1)$ converge dans $L^2(W)$ uniformément en $t\leq 1$, et ceci assez rapidement pour converger encore au sens presque sûr uniformément en $t\leq 1$. Posant $f_n = f(X^n)-f(X^{n-1})$, $g_n = g(X^n)-g(X^{n-1})$, et utilisant l'inégalité $(A+B)^2 \leq 2(A^2+B^2)$, on a pour $n\geq 1$

$$\Psi_n(t) = E\left[\sup_{s\leq t} |X_s^{n+1}-X_s^n|^2\right] = E\left[\sup_{s\leq t}\left| \int_0^s f_n dW_s + \int_0^s g_n\, ds\right|^2\right]$$

$$\leq 2\,E\left[\sup_{s\leq t} \left|\int_0^s f_n\, dW_s\right|^2 + \sup_{s\leq t} \left|\int_0^s g_n\, ds\right|^2\right]$$

$$\leq 2\,E\left[4 \int_0^t f_n^2\, ds + \int_0^t g_n^2\, ds\right] ,$$

cette dernière inégalité résultant, pour le premier terme de la Proposition

1.9.2 (majoration du moment d'ordre 2 d'une martingale) puisque l'intégrale stochastique $\int_0^t f_n \, dW_s$ est une martingale adaptée à $\mathcal{Q}_t (t \geq 0)$, et pour le second terme de l'inégalité de Hölder. Il vient donc encore

$$\leq 2(K^2+K^2)\ E\left[5 \int_0^t |X_s^n - X_s^{n-1}|^2 ds\right] = 5 \int_0^t \Psi_{n-1}(s)\ ds \ .$$

Pour $n = 0$ on a

$$\Psi_o(t) = E\left[\sup_{s\leq t} |X_s^1 - X_s^o|^2\right] = E\left[\sup_{s\leq t} \left|\int_0^s f(X_o)dW_s + \int_0^s g(X_o)ds\right|^2\right]$$

$$= E\left[\sup_{s\leq t} |f(X_o)W_s + g(X_o)s|^2\right]$$

$$\leq 2\ E\ [f^2(X_o)]\ E\left[\sup_{s\leq t} W_s^2\right] + 2E\ [g^2(X_o)t^2] = \text{const.} < \infty$$

On a donc la suite d'inégalités

$$\Psi_n(t) \leq 5 \int_0^t \Psi_{n-1}(s)ds \leq \ldots \leq 5^n \int_0^t \frac{(t-s)^{n-1}}{(n-1)!} \Psi_o(s)ds \leq \text{const.} \frac{(5t)^n}{n!}$$

d'où finalement la majoration

$$(\Psi_n(t) =)\ E\left[\sup_{s\leq t} |X_s^{n+1} - X_s^n|^2\right] \leq \text{const.} \frac{5^n}{n!} \quad .$$

Ainsi

$$\sum_{n\geq 1} W\ \{\sup_{s\leq t} |X_s^{n+1} - X_s^n| \geq \frac{1}{2^n}\} < \infty \ ,$$

et donc d'après le premier lemme de Borel-Cantelli, le processus $X_t (t\geq 0)$ défini par la limite presque sûre $X_t = X_o + \sum_{n\geq 0} (X_t^{n+1} - X_t^n)$ a presque sûrement ses trajectoires continues, puisque presque sûrement elles sont limites uniformes de trajectoires continues.

Vérifions alors que $X_t (t\geq 0)$ est une solution de l'équation intégrale. Il suffit pour cela d'établir la convergence dans $L^2(W)$ des suites X_t^n, $\int_0^t f(X_s^{n-1})dW_s$ et $\int_0^t g(X_s^{n-1})ds$ vers respectivement X_t, $\int_0^t f(X_s)dW_s$ et $\int_0^t g(X_s)ds$.

Or d'après la Proposition 1.7.2 (critère de convergence en moyenne), la suite $X_t^n (n\geq 1)$ étant de carré équi-intégrable (comme il est montré ci-dessous), la limite presque sûre X_t est elle-même de carré intégrable et

$$E\left[|X_t^n - X_t|^2\right] \longrightarrow 0 .$$

On a semblablement

$$E\left[\left(\int_0^t f(X_s^{n-1})dW_s - \int_0^t f(X_s)dW_s\right)^2\right] = E\left[\int_0^t (f(X_s^{n-1})-f(X_s))^2 ds\right]$$

$$\leq K^2 \int_0^t E\left[|X_s^{n-1} - X_s|^2\right] ds \longrightarrow 0$$

et on procèderait de même pour le troisième terme.

Etape 3 (Equi-intégrabilité)

Nous allons établir que

$$\sup_{\cdot}\sup_{s\leq t} E\left[|X_s^{\cdot}|^2\right] < \infty \text{ et } \sup_{\cdot}\sup_{s\leq t}\int_A |X_s^{\cdot}|^2 dW \downarrow 0 \text{ qd } W(A)\downarrow 0$$

où $X_s^{\cdot}$ désigne indifféremment $X_s^n (n\geq 0)$ ou X_s. Il en résultera qu'en particulier la famille $(X_s)_{s\leq t}$ est (de carré) équi-intégrable, et donc que la répartition de la v.a. $X : \Omega \longrightarrow \Omega$ t.q. $W_t(X(\omega)) = X_t(\omega)$ est absolument continue par rapport à la mesure de Wiener. Or on a d'une part, en utilisant l'inégalité de convexité $(A+B+C)^2 \leq 3(A^2+B^2+C^2)$,

$$\Psi^n(t) = \sup_{s\leq t} E\left[|X_s^n|^2\right]$$

$$\leq 3\, E\left[|X_o|^2\right] + 3E\left[\int_0^t f^2(X_s^{n-1})ds\right] + 3tE\left[\int_0^t g^2(X_s^{n-1})ds\right]$$

$$\leq 3\, E\left[|X_o|^2\right] + 6K'^2 + 6K'^2\int_0^t E\left[|X_s^{n-1}|^2\right] ds$$

d'où la suite d'inégalités

$$\Psi^n(t) \leq a+b\int_0^t \Psi^{n-1}(s)ds \leq \ldots \leq a+abt+a\frac{b^2t^2}{2!}+\ldots+b^n\int_0^t \frac{(t-s)^{n-1}}{(n-1)!}\Psi^o(s)ds$$

avec $a = 3E\left[|X_o|^2\right] + 6K'^2$ et $b = 6K'^2$, et comme $\Psi^o(s) \leq a$, on en déduit que $\Psi^n(t) \leq a \exp(bt) < \infty$. On a ainsi effectivement en utilisant le théorème de Fatou

$$\sup_{s\leq t} E\left[|X_s|^2\right] \leq \sup_{s\leq t} (\lim\sup_n E\left[|X_s^n|^2\right]) \leq a \exp(bt) < \infty,$$

ce qui établit la première propriété

On procède de même pour établir la seconde. On a explicitement

$$\Psi_A^n(t) = \sup_{s\leq t} \int_A |X_s^n|^2 \, dW$$

$$\leq 3 \int_A |X_o|^2 dW + 6K'^2 W(A) + 6K'^2 \int_0^t ds \int_A |X_s^{n-1}|^2 dW$$

$$\leq a + b \int_0^t ds \, \Psi_A^{n-1}(s)$$

avec ici $a \to 0$ quand $W(A) \to 0$. On en déduit d'abord que $\Psi_A^n(t) \leq a \exp(bt)$, puisque

$$\sup_{s\leq t} \int_A |X_s|^2 dW \leq \sup_{s\leq t} (\lim\sup_n \int_A |X_s^n|^2 \, dW) \leq a \exp(bt) \to 0$$

lorsque $W(A) \to 0$, ce qui achève la démonstration.

L'image $\varphi(X_t)$ de la solution $X_t (t\geq 0)$ de l'équation intégrale ci-dessus par une application (indéfiniment) différentiable $\varphi : R \to R$ à dérivée seconde φ'' bornée est elle-même solution dans $L^2(W)$ d'une équation intégrale lorsque les fonctions f et g sont bornées :

<u>Proposition</u> 3.2.2 (Formule de Ito en moyenne quadratique) Soit $X_t (t\geq 0)$ le processus solution de l'équation intégrale de la précédente Proposition 3.2.1, càd solution de

$$X_t - X_o = \int_0^t f(X_s) dW_s + \int_0^t g(X_s) ds$$

avec $f,g \in \mathrm{Lip}\ 1$ et $X_o^2 \in L^2(W)$ indépendante de $W_t (t\geq 0)$, par exemple

X_o = const., ou équivalemment, solution de l'équation différentielle stochastique

$$dX_t = f(X_t)dW_t + g(X_t)dt .$$

Si de plus f et g sont bornées, alors l'image $\varphi(X_t)$ de X_t par une application (indéfiniment) différentiable $\varphi : R \rightarrow R$ à dérivée seconde φ'' bornée est telle que

$$\varphi(X_t) - \varphi(X_o) = \int_0^t (\varphi'f)(X_s)dW_s + \int_0^t (\varphi'g)(X_s)ds + \frac{1}{2}\int_0^t (\varphi''f^2)(X_s)ds ,$$

ou équivalemment, satisfait à l'équation différentielle stochastique

$$d\varphi(X_t) = (\varphi'f)(X_t)dW_t + (\varphi'g)(X_t)dt + \frac{1}{2}(\varphi''f^2)(X_t)dt .$$

On passe donc du développement taylorien poussé jusqu'au second ordre

$$d\varphi = \varphi' dX + \frac{1}{2}\varphi'' dX.dX$$

à l'équation différentielle stochastique ci-dessus en y explicitant $dX = fdW + gdt$ puis en appliquant la règle $dW^2 = dt$ et en négligeant les termes du second ordre restants, en d'autres termes en calculant le produit $dX.dX$ au moyen de la table de multiplication

×	dW	dt
dW	dt	0
dt	0	0

Démonstration : Puisque f, g et φ'' sont bornées, les fonctions $\varphi'f$, $\varphi'g$ et $\varphi''f^2$ sont lipschitziennes d'ordre 1. On a

$$\varphi(X_b)-\varphi(X_a) = \sum_{k=1}^{n} \varphi'(X_{t_{k-1}})(X_{t_k}-X_{t_{k-1}}) + \frac{1}{2}\sum_{k=1}^{n} \varphi''(X_{\theta_k})(X_{t_k}-X_{t_{k-1}})^2 ,$$

$$= \Sigma \int_{t_{k-1}}^{t_k} \varphi'(X_{t_{k-1}})\ f(X_t)dW_t$$

$$+ \Sigma \int_{t_{k-1}}^{t_k} \varphi'(X_{t_{k-1}})\ g(X_t)\ dt$$

$$+ \frac{1}{2}\Sigma\,\varphi''(X_{t_{k-1}})\left(\int_{t_{k-1}}^{t_k} f(X_t)dW_t + g(X_t)dt\right)^2 .$$

Compte-tenu de ce que $\varphi' f,\ \varphi' g \in \text{Lip } 1$ on observe d'abord que

$$E\left[\left(\Sigma \int_{t_{k-1}}^{t_k} [\varphi'(X_{t_{k-1}}) - \varphi'(X_t)]\ f(X_t)dW_t\right)^2\right] \longrightarrow 0 ,$$

$$E\left[\left(\Sigma \int_{t_{k-1}}^{t_k} [\varphi'(X_{t_{k-1}}) - \varphi'(X_t)]\ g(X_t)dt\right)^2\right] \longrightarrow 0 ,$$

la première limite apparaissant en utilisant la relation d'isométrie (Proposition 3.1.1) et le théorème de convergence par équi-intégrabilité (Proposition 1.7.2). Pour montrer alors que le dernier terme converge en moyenne d'ordre 2 vers

$$\frac{1}{2}\int_a^b \varphi''(X_t)\ f^2(X_t)dt ,$$

il suffit de montrer qu'il converge vers cette limite au sens presque sûr (Proposition 3.3.5) et que les sommes $\Sigma\,\varphi''(X_{\theta_k})(X_{t_k}-X_{t_{k-1}})^2$ sont de carré équi-intégrable, ce qui est une conséquence de la majoration de la probabilité des écarts (cf Proposition 4.4.2)

3.3. EXTENSION DE L'INTEGRALE STOCHASTIQUE

Jusqu'ici, nous avons défini l'intégrale stochastique des fonctionnelles non anticipatives $f : [0,\infty)\times\Omega \longrightarrow R$ constituant l'espace $L^2(W_t)$, càd telles que

$$E\left[\int_0^t f^2\, ds\right] < \infty \qquad (t\geq 0) .$$

Nous allons maintenant définir, par convergence presque sûre, l'intégrale stochastique des fonctionnelles non anticipatives satisfaisant, au lieu de la condition ci-dessus, à la condition plus faible

$$W\{\int_0^t f^2 ds<\infty\} = 1 \qquad (t\geq 0) .$$

<u>Proposition</u> 3.3.1 (Approximation d'une fonctionnelle par des fonctionnelles simples) Soit $f : [0,\infty) \times \Omega \rightarrow R$ une fonctionnelle non anticipative telle que $W\{\int_0^t f^2\, ds< \infty\} = 1$, avec $t < \infty$.

Alors il existe une suite $f_n (n\geq 1)$ de fonctionnelles non anticipatives simples telle que

$$W(\liminf_n \{\int_0^t (f-f_n)^2 ds \leq \frac{1}{2^n}\}) = 1$$

<u>Démonstration</u> : On suppose pour simplifier $t=1$. Soit $\mathcal{B}_n (n\geq 1)$ la suite des σ-algèbres de boreliens de l'intervalle $[0,1[$ avec $\mathcal{B}_n$ engendrée (pour tout entier $n\geq 1$ fixé) par les 2^n intervalles $[k2^{-n},(k+1)\, 2^{-n}[$ $(0\leq k<2^n)$. Alors la suite $f_n (n\geq 1)$ telle que

$$f_n = E\left[f|\mathcal{B}_n\right]$$

où $E\left[\ |\mathcal{B}_n\right]$ désigne ici l'espérance (conditionnelle) de la fonction $f : [0,1[\ \rightarrow R$ par rapport à la mesure de Lebesgue dt considérée comme une probabilité sur les boreliens de $[0,1[$ de sorte qu'explicitement

$$f_n(t) = 2^n \int_{k2^{-n}}^{(k+1)2^{-n}} f(s)ds \qquad \text{lorsque } k\leq t\, 2^n<k+1$$

$$= \text{valeur moyenne de } f \text{ sur } [k\, 2^{-n},\ (k+1)2^{-n}[,$$

constitue une martingale adaptée à $\mathcal{B}_n (n\geq 1)$ et fermée par la fonction f dès que $\int_0^1 f^2\, ds < \infty$. Et comme alors

$$\sup_n \int_0^1 E\,[f|\mathcal{B}_n]^2 ds \leq \sup_n \int_0^1 E\,[f^2|\mathcal{B}_n] ds = \int_0^1 f^2\, ds \ ,$$

le dernier terme étant par hypothèse presque sûrement fini, on a donc

$$W\ \{\lim \int_0^1 (f-f_n)^2\, ds = 0\} = 1\ .$$

Cependant, les fonctionnelles simples f_n ainsi définies ne sont pas non-anticipatives, mais par contre le sont leurs translatées de 2^{-n}, à savoir les fonctionnelles $g_n (n \geq 1)$ telles que $g_n(t) = 0$ ou $f_n(t-2^{-n})$ selon que respectivement $0 \leq t < 2^{-n}$ ou $2^{-n} \leq t < 1$, de sorte qu'évidemment $\lim$ p.s. $\int_0 (f_n-g_n)^2 ds = 0$.

On a donc aussi bien

$$W\ \{\lim \int_0^1 (f-g_n)^2 ds = 0\} = 1\ ,$$

et l'on peut donc extraire de $(g_n)_{n \geq 1}$, une sous-suite, que nous noterons encore $(f_n)_{n \geq 1}$ pour simplifier, telle que

$$W\ \{\int_0^1 (f-f_n)^2 ds \geq \frac{1}{2^n}\} \leq \frac{1}{2^n}\ .$$

On achève alors la démonstration en utilisant le premier lemme de Borel-Cantelli.

<u>Proposition</u> 3.3.2 (Définition de l'intégrale stochastique par limite presque sûre) Soit $f : [0,\infty) \times \Omega \to R$ une fonctionnelle non anticipative telle que $(t \leq \infty)$

$$W\ \{\int_0^t f^2\ ds < \infty\} = 1\ .$$

On pose alors

$$\int_0^t f dW_s = \lim \text{ p.s. } \int_0^t f_n\ dW_s$$

où $f_n (n \geq 1)$ est une suite de fonctionnelles non-anticipatives simples, la limite étant presque sûre dès que

$$W\left[\liminf \{\int_0^t (f-f_n)^2 ds \leq \frac{1}{2^n}\}\right] = 1$$

Démonstration : On supposera pour simplifier $t\leq 1$. On observe d'abord que pour toute fonctionnelle non anticipative simple $g : [0,\infty) \times \Omega \longrightarrow R$ bornée, et tout nombre réel θ, la fonctionnelle non anticipative

$$M_t = \exp\left[\theta\int_0^t g dW_s - \frac{\theta^2}{2}\int_0^t g^2 ds\right]$$

est une martingale (cf. Proposition 2.4.1) adaptée à $\mathcal{A}_t = \sigma(W_s; s\leq t)$. On choisit alors la suite approximante $f_n (n\geq 1)$ de la précédente Proposition 3.3.1 de sorte que chacune des fonctionnelles soit bornée, et posant $g_n = f_n - f_{n-1}$, on observe que presque sûrement à partir d'un certain rang on a

$$\int_0^1 g_n^2 ds \; (=\int_0^1 (f_n - f_{n-1})^2 ds) \leq \frac{A}{2^n} ,$$

avec par exemple $A=4$, de sorte que

$$W\left[\sup_{t\leq 1} \frac{\theta}{|\theta|}\int_0^t g_n dW_s \geq R\right]$$

$$\leq W\left[\sup_{t\leq 1} M_t \geq \exp\left(|\theta| R - \frac{\theta^2}{2}\frac{A}{2^n}\right)\right]$$

d'où par l'inégalité de martingale

$$\leq \exp\left(-|\theta| R + \frac{\theta^2}{2}\frac{A}{2^n}\right) E(M_1) ,$$

avec d'ailleurs $E(M_1) = 1$. Prenant alors $\theta = \theta_n$, $R = R_n$ et posant $\hat{\theta}_n = \frac{\theta_n}{|\theta_n|} = \pm 1$ avec $|\theta_n| = R_n 2^n/A$, on obtient après simplification du second membre

$$W\left[\sup_{t\leq 1} \theta_n \int_0^t g_n dW_s \geq R_n\right]$$

$$\leq \exp\left(-\frac{2^n R_n^2}{2A}\right)$$

d'où l'on déduit aussitôt la majoration

$$W\left[\sup_{t\leq 1} \left|\int_0^t g_n \, dW_s\right| \geq R_n\right] \leq 2 \exp\left(- \frac{2^n R_n^2}{2A}\right).$$

Prenant par exemple $R_n = n2^{-n/2}$, il résulte alors du premier lemme de Borel-Cantelli que

$$W\left[\liminf \{\sup_{t\leq 1} \left|\int_0^t g_n \, dW_s\right| \leq n\, 2^{-n/2}\}\right] = 1 .$$

Ainsi l'intégrale stochastique approximante

$$\int_0^t f_n \, dW_s = \int_0^t f_1 \, dW_s + \sum_{k=1}^{n} \int_0^t (f_n - f_{n-1}) dW_s$$

presque sûrement converge uniformément en $t\leq 1$, cette limite p.s. ne dépendant manifestement pas de la suite approximante choisie $f_n (n\geq 1)$ dès lors que cette suite approxime assez vite la fonctionnelle f pour assurer la convergence presque sûre.

On peut observer en passant que la convergence de la suite des intégrales stochastiques approximantes étant uniforme en $t\leq 1$, les trajectoires $t \longrightarrow (\int_0^t f dW_s)(\omega)$ de l'intégrale stochastique limite sont presque sûrement continues.

Proposition 3.3.3 (L'intégrale stochastique définie par limite p.s. est une extension de celle définie par limite quadratique) Pour toute fonctionnelle non anticipative $f : [0,\infty) \times \Omega \longrightarrow R$ t.q. $W\{\int_0^t f^2 ds < \infty\} = 1$ on a l'inégalité

$$E\left[\left(\int_0^t f dW_s\right)^2\right] \leq E\left[\int_0^t f^2 \, ds\right] \qquad (\leq\infty) ,$$

avec égalité (relation d'isométrie) lorsque $f \in L^2(W_0^t)$, càd lorsque le second membre de l'inégalité ci-dessus est fini, et dans ce cas on a alors en reprenant les notations de la précédente Proposition 3.3.2

$$E\left[\left(\int_0^t f dW_s - \int_0^t f_n\, dW_s\right)^2\right] \longrightarrow 0 ,$$

en d'autres termes cette définition de l'intégrale stochastique par limite p.s. est une extension de la définition par limite en moyenne d'ordre 2.

Démonstration : On supposera encore pour simplifier $t \leq 1$. Pour les fonctionnelles non anticipatives simples, les deux définitions coïncident évidemment, et on a en particulier la relation ci-dessus avec égalité (relation d'isométrie).

D'autre part, dans le cas général, soit pour définir l'intégrale stochastique par limite presque sûre une suite approximante $f_n (n \geq 1)$ de la fonctionnelle f telle que

$$W\left[\liminf \{\int_0^1 (f-f_n)^2 ds \leq \frac{1}{2^n} \}\right] = 1 ,$$

une telle suite existant d'après la Proposition 3.3.1, dans les deux cas puisqu'en particulier l'hypothèse $E\left[\int_0^1 f^2 ds\right] < \infty$ entraîne l'hypothèse $W \int_0^1 f^2 ds < \infty\} = 1$.

On a ainsi dans les deux cas, d'après le lemme de Fatou,

$$E\left[\left(\int_0^1 f dW_s\right)^2\right] = E\left[\lim \left(\int_0^1 f_n\, dW_s\right)^2\right] \leq \liminf E\left[\left(\int_0^1 f_n\, dW_s\right)^2\right] = E\left[\int_0^1 f^2\, ds\right],$$

la dernière égalité résultant, dansle premier cas où $E\left[\int_0^1 f^2 ds\right] < \infty$ de l'équi-intégrabilité et de la convergence p.s. de $\int_0^1 f_n^2\, ds$ vers $\int_0^1 f^2 ds$, l'équi-intégrabilité résultant elle même de la majoration $f_n^2 < 2\left[f^2 + (f_n - f)^2\right]$ et de ce que

$$0 \leq \limsup E\left[\int_0^1 (f-f_n)^2 ds\right] \leq E\left[\limsup \int_0^1 (f-f_n)^2 ds\right] = 0 ,$$

dans le second cas où $E\left[\int_0^1 f^2 ds\right] = \infty$ du lemme de Fatou donnant que

$$\liminf\ E\left[\int_0^1 f_n^2\, ds\right] \geq E\left[\int_0^1 f^2 ds\right] = \infty .$$

Comme dans le premier cas, on a ainsi en particulier

$$0 \leq E\left[\left(\int_0^1 f\, dW_s - \int_0^1 f_n\, dW_s\right)^2\right] \leq E\left[\int_0^1 (f-f_n)^2 ds\right] \longrightarrow 0 ,$$

la démonstration est terminée.

Nous avons déjà établi le résultat suivant, selon lequel les sommes $\Delta W_s^2 = \Sigma (W_{k2^{-n}} - W_{(k-1)2^{-n}})^2$ convergent presque sûrement vers t lorsque les subdivisions S sont dyadiques, et qui montre que deux mesures de Wiener correspondant à des coefficients de diffusion différents sont orthogonales. En voici une autre démonstration, fondée sur la majoration de la probabilité des écarts d'une (sous) martingale et montrant que de plus la convergence est uniforme sur les intervalles temporels bornés.

<u>Proposition</u> 3.3.4 (Théorème de Lévy : relation $dW^2 = dt$ en convergence presque sûre) Soit la fonctionnelle du processus de Wiener

$$\Delta W_n^2(t) = \sum_{k=1}^{[2^n t]} (W_{k2^{-n}} - W_{(k-1)2^{-n}})^2 + (W_t - W_{[2^n t]2^{-n}})^2 .$$

Alors presque sûrement $\Delta W_n^2(t)$ tend (uniformément) vers $t (\leq 1)$ lorsque $n \to \infty$.

<u>Démonstration</u> : Pour montrer que la convergence est uniforme, on supposera comme dans l'énoncé que $t \leq 1$. Le processus $\Delta W_n^2(t) - t$ est une martingale adaptée à $\mathfrak{A}_t (t \geq 0)$. On a en effet dès que $s \leq t$

$$E\left[\Delta W_n^2(t) - t \,|\, \mathfrak{A}_s\right] = \Delta W_n^2(s) - s .$$

Ainsi le processus $[\Delta W_n^2(t) - t]^2$ est lui-même une sous-martingale d'où l'inégalité

$$W\{\sup_{t\leq 1} |\Delta W_n^2(t) - t| \geq R\} \leq \frac{1}{R^2} E\left[(\Delta W_n^2(1) - 1)^2\right] ,$$

avec, en utilisant le fait que $W_{2^{-n}}$ et $2^{-n} W_1$ ont même répartition

$$E\left[(\Delta W_n^2(1) - 1)^2\right] = 2^n E\left[(W_{2^{-n}} - 2^{-n})^2\right] = 2^{-n} E\left[(W_1 - 1)^2\right] .$$

Prenant alors par exemple $R = R_n = n2^{-n/2}$, il suffit pour achever la démonstration d'appliquer le premier lemme de Borel-Cantelli.

Proposition 3.3.5 (Formule de Ito en convergence presque sûre) Soit $f_i, g_i : [0,\infty) \times \Omega \longrightarrow R$ $(1 \leq i \leq n)$ des fonctionnelles non anticipatives telles que l'on ait pour tout instant $t \geq 0$

$$W\left[\int_0^t f_i^2\, ds < \infty\right] = 1 \qquad \text{et} \qquad W\left[\int_0^t |g_i|\, ds < \infty\right] = 1 ,$$

de sorte que chaque intégrale stochastique

$$X_t^i = X_0^i + \int_0^t f_i\, dW_s + \int_0^t g_i\, ds ,$$

où les v.a. X_0^i sont d'une part p.s. finies et d'autre part indépendantes du processus de Wiener $W_s (s \geq 0)$, estune fonctionnelle non anticipative, p.s. définie et t.q. de plus $W\{\sup_{s \leq t} |X_s| < \infty\} = 1$.

Alors l'image $\varphi(X_t^1,\ldots,X_t^n)$ de $(X_t^1,\ldots,X_t^n)$ par une application (indéfiniment) différentiable $\varphi : R^n \longrightarrow R$ est elle-même une intégrale stochastique dont l'élément différentiel est

$$d\varphi = \Sigma\, \varphi_i'\, dX^i + \frac{1}{2}\Sigma\, \varphi_{ij}''\, dX^i . dX^j$$

où φ_i' et φ_{ij}'' désignent respectivement les dérivées partielles premières et secondes de φ , et où les produits $dX^i . dX^j$ se calculent en appliquant la relation $dW^2 = dt$ puis en négligeant les termes du second ordre restants de sorte que $dX^i . dX^j = f_i\, f_j\, dt$, en d'autres termes en calculant les produits $dX^i \times dX^j$ au moyen de la table de multiplication

×	dW	dt
dW	dt	0
dt	0	0

Démonstration : On supposera encore $t\leq 1$. Puisque $W\{\sup_{t\leq 1}|X_t|<\infty\} = 1$, on peut en effectuant au besoin une partition de l'espace Ω supposer directement que les fonctions continues φ'_i et φ''_{ij} sont bornées. Et de même, on peut supposer directement que les fonctionnelles f_i et g_i sont simples et bornées, et même constantes.

La fonctionnelle $\varphi(f_1 W_t + g_1,\ldots,f_n W_t + g_n)$ étant alors de la forme $\varphi(t,W_t)$ pour une autre application (indéfiniment) différentiable $\varphi : R^2 \to R$, il suffit de montrer le théorème dans ce cas particulier et d'en déduire le cas général par limite presque sûre.

Nous avons donc à déterminer la limite presque sûre lorsque $n\to\infty$ de $\varphi(t,W_t) - \varphi(0,0)$

$$= \sum_{k=1}^{m} \left[\varphi(k2^{-n},W_{k2^{-n}}) - \varphi((k-1)2^{-n},W_{(k-1)2^{-n}})\right] + \text{reste},$$

$$= \sum_{k=1}^{m} \left[\varphi(k,k) - \varphi(k-1,k)\right]$$

$$+ \sum_{k=1}^{m} \left[\varphi(k-1,k) - \varphi(k-1,k-1)\right] + o(1)$$

$$= \sum_{k=1}^{m} \left[\varphi'_t(k-1,k)\Delta t_k + o(\Delta t_k)\right]$$

$$+ \sum_{k=1}^{m} \left[\varphi'_x(k-1,k-1)\Delta W_k + \frac{1}{2}\varphi''_{xx}(k-1,k-1)\Delta W_k^2 + o(\Delta W_k^2)\right] + o(1)$$

avec $m\leq 2^n t<m+1$, $\Delta t_k = 2^{-n}$, $\Delta W_k = W_{k2^{-n}} - W_{(k-1)2^{-n}}$, $\varphi(k,l) \equiv \varphi(k2^{-n}, W_{l2^{-n}})$, les sommes des restes $o(\Delta t_k)$, $o(\Delta W_k^2)$ et $o(1)$ tendant vers 0 lorsque $n\to\infty$. Les deux premiers termes explicités tendent respectivement vers

$$\int_0^t \varphi'_t(s,W_s)\,ds \qquad \text{et} \quad \int_0^t \varphi'_x(s,W_s)\,dW_s .$$

D'autre part, la fonctionnelle

$$M_t = \frac{1}{2}\sum_{k=1}^{m} \varphi''_{xx}((k-1)2^{-n}, W_{(k-1)2^{-n}})(\Delta W_k^2 - \Delta t_k)$$

$$+ \frac{1}{2}\varphi''_{xx}(m2^{-n},W_{m2^{-n}})((W_t - W_{m2^{-n}})^2 - (t-m2^{-n}))$$

est une martingale adaptée à $\mathfrak{A}_t (t \geq 0)$. On a donc d'après la majoration (Proposition 1.9.1) de la probabilité des écarts d'une (sous) martingale

$$W \{\sup_{s \leq t} |M_s| \geq R\} \leq \frac{1}{R^2} E\left[|M_1|^2\right]$$

avec d'ailleurs $E\left[|M_1|^2\right] \leq \frac{1}{2} ||\varphi''|| \, 2^{-n} E\left[(W_1 - 1)^2\right]$ où $||\varphi''|| = \sup |\varphi''_{xx}| <$
Prenant alors $R = R_n = n2^{-n/2}$, on voit en appliquant le premier lemme de Borel-Cantelli que le dernier terme explicité ci-dessus converge presque sûrement vers

$$\frac{1}{2} \int_0^t \varphi''_{xx}(s, W_s) \, ds \,,$$

d'ailleurs uniformément en $t \leq 1$, ce qui achève la démonstration.

Revenons enfin à l'équation intégrale

$$X_t = X_o + \int_0^t f(X_s) \, dW_s + \int_0^t g(X_s) \, ds \,.$$

Sous les hypothèses de la Proposition 3.2.1 concernant la condition initiale X_o et les fonctionnelles non anticipatives f et g, la solution construite $X_t (t \geq 0)$ est telle que $\lim$ p.s. $X_t^n = X_t$. On peut montrer que sous les mêmes hypothèses, cette fonctionnelle non anticipative X_t est aussi solution de l'équation intégrale au sens de la convergence presque sûre. On a en effet, en supposant toujours $t \leq 1$,

$$E\left[\sup_{t \leq 1} |X_s^n - X_s|^2\right] \leq \text{const.} \frac{1}{n!}$$

$$E\left[\left(\int_0^t (f(X_s^n) - f(X_s)) \, dW_s\right)^2\right] = E\left[\int_0^t (f(X_s^n) - f(X_s))^2 ds\right]$$

$$\leq K^2 \int_0^t E\left[|X_s^n - X_s|^2\right] ds \leq \text{const.} \frac{K^2}{n!}$$

On a donc, d'après le premier lemme de Borel-Cantelli

$$W\left[\liminf \{\sup_{t \leq 1} \left|\int_0^t \left[f(X_s^n) - f(X_s)\right] dW_s\right| \leq \frac{1}{2^n}\}\right] = 1$$

ce qui établit que

$$\lim \text{p.s.} \int_0^t f(X_s^{n-1})dW_s = \int_0^t f(X_s)dW_s \ .$$

On achèverait la démonstration en montrant semblablement que

$$\lim \text{p.s.} \int_0^t g(X_s^{n-1})ds = \int_0^t g(X_s)ds.$$

3.4. INTEGRALES STOCHASTIQUES ET DIFFERENTIELLES POUR UN MOUVEMENT BROWNIEN A PLUSIEURS DIMENSIONS

Tout ce qui précède s'adapte immédiatement au cas d'un processus de Wiener d-dimensionnel $W_t = (W_t^1,\ldots,W_t^d)$. Nous attirons seulement l'attention sur la résolution de l'équation différentielle stochastique suivante à coefficients lipschitziens, ainsi que sur la règle $dW^2 = dt$ et la formule de Ito que l'on obtient :

Proposition 3.4.1 (Solution d'une équation différentielle stochastique à coefficients lipschitziens) Soit $f : R^d \longrightarrow R^d \otimes R^d$ et $g : R^d \longrightarrow R^d$ deux applications (continues) lipschitziennes d'ordre 1, càd t.q. il existe une constante K telle que pour tout $x,y \in R^d$ on ait

$$|f(x)-f(y)| \leq K|x-y| \qquad \text{et} \qquad |g(x)-g(y)| \leq K|x-y|$$

avec

$$|x|^2 \ (=<x,x>) = x_1^2+\ldots+x_d^2$$

$$|f(x)|^2 = |f(x)_{11}|^2 + |f(x)_{12}|^2+\ldots+|f(x)_{dd}|^2 \ .$$

Alors pour toute condition initiale $X_0 \in L^2(W)$ indépendante de $W_t (t\geq 0)$, il existe un processus $X_t (t\geq 0)$ solution de l'équation intégrale

$$X_t = X_0 + \int_0^t f(X_s)dW_s + \int_0^t g(X_s)ds$$

et possédant les deux propriétés suivantes :

(1) presque sûrement les trajectoires $t \longrightarrow X_t(\omega)$ sont continues

(2) la famille $(X_s)_{s\leq t}$ est de carré équi-intégrable pour tout instant $t\geq 0$ fixé.

De plus, une telle solution (non anticipative) est unique à une équivalence près, càd que deux solutions X^1 et X^2 vérifiant (1) et (2) sont telles que

$$W\,\{\sup_t |X_t^1 - X_t^2| = 0\} = 1 .$$

<u>Démonstration</u> : Elle est identique à celle donnée ci-dessus dans le cas où $d = 1$ (Proposition 3.2.1), compte tenu de la relation d'isométrie, justifiant la norme choisie ci-dessus pour la matrice $f(.)$,

$$E\left[\left|\int_0^t f(X_s)\,dW_s\right|^2\right] = E\left[\int_0^t |f(X_s)|^2\,ds\right] .$$

<u>Proposition</u> 3.4.2 (Formule de Ito en convergence presque sûre) Soit $f_i, g_i : [0,\infty) \times \Omega \longrightarrow R^d \otimes R^d,\ R^d (i\leq i\leq n)$ des fonctionnelles non anticipatives telles que l'on ait pour tout instant $t\geq 0$

$$W\left[\int_0^t |f_i|^2 ds<\infty\right] = 1 \quad \text{et} \quad W\left[\int_0^t |g_i| ds<\infty\right] = 1 ,$$

de sorte que chaque intégrale stochastique

$$X_t^i = X_0^i + \int_0^t f_i\,dW_s + \int_0^t g_i\,ds ,$$

où les v.a. X_0^i sont d'une part p.s. finies et d'autre part indépendantes de $W_s (s\geq 0)$, est une fonctionnelle non anticipative p.s. définie et telle que de plus $W\,\{\sup_{s\leq t} |X_s|<\infty\} = 1$.

Alors l'image $\varphi(X_t^1,\dots,X_t^n)$ de $(X_t^1,\dots,X_t^n)$ par une application (indéfiniment) différentiable $\varphi : R^{nd} \longrightarrow R$ (ou R^d) est elle-même une intégrale stochastique dont l'élément différentiel est

$$d\varphi = \langle \varphi', dX \rangle + \frac{1}{2} \langle dX, \varphi'' dX \rangle$$

où le produit scalaire $\langle dX, \varphi'' dX \rangle$ se calcule au moyen de la table de multiplication

$\times$	dW_1	dW_2	...	dW_1	dt
dW_1	dt	0		0	0
dW_2	0	dt		0	0
$\vdots$					
dW_d	0	0		dt	0
dt	0	0		0	0

<u>Démonstration</u> : On procède comme dans le cas où $d=1$, à ceci près qu'il faut justifier en plus les règles $dW_1 \, dW_2 = 0$, etc... Il suffit pour cela de se ramener à une fonctionnelle de la forme $\varphi(t,W_t)$ avec $\varphi : [0,\infty) \times R^d \longrightarrow R$ indéfiniment différentiable, et d'établir que si les dérivées secondes continues $\varphi''_{ij} : [0,\infty) \times R^d \longrightarrow R$ sont bornées, alors la martingale

$$M_t = \sum_{k=1}^{m} \varphi''_{ij}(k-1) \, \Delta W_k^i \, \Delta W_k^j$$

$$+ \varphi''_{ij}(m) (W_t^i - W^i_{m2^{-n}}) (W_t^j - W^j_{m2^{-n}})$$

avec $m \leq 2^n t < m+1$, $\varphi''_{ij}(k) = \varphi''_{ij}(k2^{-n}, W^i_{k2^{-n}}, W^j_{k2^{-n}})$, $\Delta W_k^i = W^i_{k2^{-n}} - W^i_{(k-1)2^{-n}}$, presque sûrement converge vers 0 lorsque n tend vers ∞ . Or on a effectivement

$$E\left[\sup_{t\leq 1}|M_t|\geq R\right]\leq \frac{1}{R^2}\; E\left[|M_1|^2\right]$$

$$< \frac{1}{R^2}\;\|\varphi''_{ij}\|^2\; 2^n.\,\frac{1}{2^n}\,\frac{1}{2^n}\quad ,$$

avec $\|\varphi''_{ij}\| = \sup|\varphi''_{ij}| < \infty$. Prenant alors $R = R_n = n2^{-n/2}$, on achève en appliquant le premier lemme de Borel-Cantelli.

4 DIFFUSIONS

Une diffusion sur la droite réelle, ou plus généralement sur une variété, est un processus p.s. à trajectoires continues et que l'on peut construire par "rapiéçage" parce que son évolution dans le futur à partir d'un point donné atteint à un instant donné ne dépend pas de son évolution passée, de sorte que ce processus peut être défini localement, puis prolongé dans l'espace et dansle temps jusqu'à un instant $0<\mathfrak{e}\leq\infty$ dit temps d'explosion qui est égal à l'infini ($\mathfrak{e}=\infty$) lorsqu'à tout instant la trajectoire reste à distance finie (c'est en particulier toujours le cas lorsque la variété est compacte), et qui lorsqu'il est fini ($\mathfrak{e}<\infty$) est effectivement un temps d'explosion en ce sens que

$$\lim_{t\uparrow\mathfrak{e}} X_t = \infty$$

où ∞ désigne le point (de compactification) à l'infini de la variété considérée (ou plus précisément $\lim_{t\uparrow\mathfrak{e}} X_t = +\infty$ ou $-\infty$ si la diffusion est sur la droite réelle).

L'exemple le plus simple d'une diffusion est donné par le processus de Wiener. Plus généralement, le processus (issu de x à l'instant 0)

$$X_t = x + \sqrt{a}\, W_t + bt$$

résultante du processus de Wiener $\sqrt{a}\, W_t$ de coefficient de diffusion $D = a/2 > 0$ (puisque $d(\sqrt{a}\, W)^2 = a d W^2 = 2Ddt$) et d'un mouvement (rectiligne) uniforme de vitesse constante b, est encore une diffusion.

Les diffusions que nous allons considérer seront localement de cette forme, en ce sens que a et b ne seront plus nécessairement des constantes, mais des fonctions (indéfiniment) différentiables de la position occupée par la diffusion sur la variété M, en d'autres termes seront de la forme $a(X_t)$ et $b(X_t)$ avec $a : M \to R$ et $b : M \to R$ (plus généralement, avec $a : M \to R^d \otimes R^d$ et $b : M \to R^d$ dans le cas d'une diffusion de dimension d) indéfiniment différentiables .

Ainsi, les fonctions a et b seront localement lipschitziennes d'ordre 1 avec des constantes K et K' (cf. Proposition 3.2.1) déterminées pour chaque "boule" compacte de la variété, de sorte que dans chaque boule compacte on construira la diffusion comme solution de l'équation différentielle stochastique

$$dX_t = \sqrt{a}\, dW_t + b\, dt$$

avec $a = a(X_t)$, $b = b(X_t)$, ces constantes K et K' devant être changées lorsque l'on passe d'une boule à l'autre : c'est la construction par rapiéçage", càd par assemblage de diffusions locales.

On va donc considérer la diffusion dans chaque boule compacte jusqu'au premier instant $\mathfrak{t}$ en lequel elle atteint la frontière de cette boule, temps en lequel on arrêtera (de construire) la diffusion (avec les constantes de Lipschitz k et k'), pour la faire repartir ("starting afresh") de l'intérieur de chaque nouvelle boule compacte ainsi atteinte avec de nouvelles constantes k et k' . Et cela indéfiniment si la diffusion reste constamment à distance finie (ce qui est en particulier le cas lorsque la variété est compacte), et sinon jusqu'au premier instant d'explosion $\mathfrak{e}$ où la diffusion atteint la frontière de la variété elle-même, càd le point ∞ de compactification à l'infini.

Comme enfin on arrêtera la diffusion dans chaque boule compacte dès le premier instant $\mathfrak{t}$ en lequel elle atteint la frontière de cette boule, la valeur des fonctions a et b en dehors de cette boule n'intervient pas dans la construction de la diffusion dans la boule elle-même. On peut donc prolonger les fonctions a et b en dehors de chaque boule arbitrairement, et en particulier toujours supposer que les fonctions a et b sont non seulement lipschitziennes d'ordre 1, mais aussi bornées sur toute la variété et même à support compact, c'est là un fait important à réaliser si on veut faire apparaître évidents certains résultats locaux.

4.1. TEMPS D'ARRET

On pourrait évidemment construire la diffusion dans une boule compacte jusqu'au dernier instant où elle reste dans cette boule, et non comme nous venons de l'indiquer seulement jusqu'au premier instant où elle atteint la frontière de cette boule. L'avantage de considérer le premier instant où la diffusion atteint la frontière de la boule (qui est en fait un ensemble fermé, de même que la frontière de la variété, i.e. le point ∞ de compactification à l'infini) est que cet instant d'arrêt est une fonctionnelle non anticipative au sens suivant :

Définition 4.1.1 (Temps d'arrêt) Une fonction $\mathfrak{t} : \Omega \to \overline{R}^+$ (i.e. $0 \leq \mathfrak{t} \leq \infty$) de la trajectoire du processus de Wiener (i.e. définie sur Ω) est un temps d'arrêt si elle est non anticipative en ce sens que pour tout instant $t \geq 0$

$$\{\mathfrak{t} \leq t\} \in \mathfrak{A}_t = \sigma(W_s ; s \leq t) .$$

Plus généralement, une fonction $0 \leq \mathfrak{t} \leq \infty$ de la trajectoire d'une diffusion $X_t (t \geq 0)$ est un temps d'arrêt si elle est non anticipative en ce sens que pour tout instant $t \geq 0$

$$\{\mathfrak{t} \leq t\} \in \sigma(X_s ; s \leq t)$$

$\sigma(X_s ; s \leq t)$ désignant la plus petite σ-algèbre rendant mesurables les v.a. $X_s (s \leq t)$.

En d'autres termes, la fonctionnelle $\mathfrak{t}$ est un temps d'arrêt lorsque pour déterminer les trajectoires pour lesquelles $\mathfrak{t} \leq t$, il suffit de connaître ces trajectoires jusqu'à l'instant $t \geq 0$ fixé. On peut voir alors que le premier instant en lequel une diffusion $X_t (t \geq 0)$ atteint la frontière d'une boule compacte vérifie cette condition mise en définition d'un temps d'arrêt. Pour simplifier, supposons que la diffusion s'effectue sur $R^d (d \geq 1)$ et que la boule compacte est la boule de rayon unité $\{x : |x| \leq 1\}$. Puisque les trajectoires de la diffusion sont continues, le premier instant en lequel la diffusion, partant par exemple de 0 à l'instant $t = 0$, atteint la frontière $\{x : |x| = 1\}$ de cette boule est

$$\mathfrak{t} = \sup \{t : |X_s|<1 \text{ qqst } s<t\} \leq \infty ,$$

cette définition ayant l'avantage que la fonction $\mathfrak{t}$ se trouve ainsi effectivement définie pour toute trajectoire (même pour celles restant constamment à l'intérieur de la boule sans nécessairement avoir pour limite, lorsque $t \to \infty$, un point de la frontière de la boule). On a alors effectivement

$$\{\mathfrak{t}\leq t\} = \bigcup_{s\leq t} \{|X_s|\geq 1\} \in \sigma(X_s; s\leq t).$$

La Proposition suivante caractérise les événements antérieurs à un temps d'arrêt :

Proposition 4.1.1 (σ-algèbre des événements antérieurs à un temps d'arrêt) Soit $\mathfrak{t} \leq \infty$ un temps d'arrêt d'une diffusion $X_t (t\geq 0)$. Alors la classe $\mathfrak{A}_{\mathfrak{t}}$ des sous ensembles A de Ω tels que pour tout instant $t\geq 0$

$$A \cap \{\mathfrak{t} \leq t\} \in \sigma(X_s; s\leq t)$$

constitue une σ-algèbre, appellée la σ -algèbre des événements antérieurs à $\mathfrak{t}$ et identique à la σ-algèbre $\sigma(X_{t\wedge \mathfrak{t}}; t\geq 0)$ engendrée par les cylindres fondamentaux

$$\{X_{t_1\wedge \mathfrak{t}} \in B_1 ; \ldots ; X_{t_m\wedge \mathfrak{t}} \in B_m\} ,$$

les instants $(0\leq)\ t_1<t_2<\ldots<t_m$ et les boreliens B_i de la droite réelle (ou plus généralement de la variété) étant arbitraires.

Démonstration : La classe $\mathfrak{A}_{\mathfrak{t}}$ constitue effectivement une σ-algèbre, car si $A_1, A_n \in \mathfrak{A}_{\mathfrak{t}}$, on a

$$A^c \cap \{\mathfrak{t}\leq t\} = \{\mathfrak{t}\leq t\} \setminus A \cap \{\mathfrak{t}\leq t\} \in \sigma(X_s; s\leq t) ,$$

$$(\bigcup_n A_n) \cap \{\mathfrak{t}\leq t\} = \bigcup_n (A_n \cap \{\mathfrak{t}\leq t\}) \in \sigma(X_s; s\leq t).$$

Usant de la continuité des trajectoires de la diffusion, on voit alors que $X_{\mathfrak{t}}$ est $\mathfrak{A}_{\mathfrak{t}}$ -mesurable, et qu'alors tous les cylindres $\{X_{t\wedge \mathfrak{t}} \in B\} = X_t^{-1}(B) \cap \{\mathfrak{t}\leq t\}^c + X_{\mathfrak{t}}^{-1}(B) \cap \{\mathfrak{t}\leq t\}$ sont dans $\mathfrak{A}_{\mathfrak{t}}$. Inversement, montrons que si une v.a. $X \geq 0$ est $\mathfrak{A}_{\tau}$ -mesurable, alors elle est mesurable par rapport à la σ-algèbre $\sigma(X_{t\wedge\tau};t\geq 0)$. Puisque par hypothèse X est $\mathfrak{A}_{\tau}$-mesurable, elle est en particulier $\sigma(X_t;t\geq 0)$-mesurable, donc factorise à travers une famille dénombrable de v.a. $X_t(t\geq 0)$, càd qu'il existe une fonction mesurable f et une suite d'instants $t_1<t_2<\ldots$ tels que

$$X = f(X_{t_1},X_{t_2},\ldots).$$

Comme la v.a. $X.1_{\{\tau\leq t\}}$ est $\sigma(X_s;s\leq t)$-mesurable pour tout instant $t\geq 0$ par définition même de la $\mathfrak{A}_{\tau}$ -mesurabilité, on a

$$X.1_{\{\tau\leq t\}} = f(X_{t_1\wedge\tau},X_{t_2\wedge\tau},\ldots).$$

Et comme l'ensemble des instants $t_i\ (i\geq 1)$ est dénombrable, on obtient que

$$X = f(X_{t_1\wedge\tau},X_{t_2\wedge\tau},\ldots),$$

ce qui achève la démonstration.

Un temps constant $\tau = t$ constitue l'exemple le plus simple de temps d'arrêt, et dans ce cas on a $\mathfrak{A}_{\tau} = \sigma(X_{s\wedge\tau};s\geq 0) = \sigma(X_s;s\leq t)\subset\mathfrak{A}_t = \sigma(W_s;s\leq t)$, avec l'égalité $\mathfrak{A}_{\tau}=\mathfrak{A}_t$ dans le cas où la diffusion n'est autre que le processus de Wiener $W_s(s\geq 0)$. Inversement, un certain nombre de propriétés s'étendent, par partition de l'espace des trajectoires et avec quelques précautions, des temps constants aux temps d'arrêt. En voici une évidente et fondamentale :

<u>Proposition</u> 4.1.2 ("Starting afresh" du processus de Wiener à partir des temps d'arrêt) Si $\tau\leq\infty$ est un temps d'arrêt du processus de Wiener $W_t(t\geq 0)$, alors pour toute trajectoire telle que $\tau<\infty$, l'accroissement

$$W_t^{\tau} = W_{\tau+t} - W_{\tau} \qquad (t\geq 0)$$

du processus de Wiener à partir de l'instant τ est lui-même un processus de Wiener, indépendant de la σ-algèbre $\mathfrak{A}_{\tau}$ des événements antérieurs à τ.

Démonstration : Il faut montrer que pour tout événement $A \in \mathfrak{A}_{\mathfrak{t}}$ on a

$$P(A \cap \{\mathfrak{t}<\infty\} \cap \{W^{\mathfrak{t}}_{t_1} \in B_1 ; \ldots ; W^{\mathfrak{t}}_{t_m} \in B_m\})$$

$$= P(A \cap \{\mathfrak{t}<\infty\})\ P\{W^{\mathfrak{t}}_{t_1} \in B_1 ; \ldots ; W^{\mathfrak{t}}_{t_m} \in B_m\} , \qquad \text{ou}$$

ce qui est équivalent, mais évite une difficulté sur la frontière des boreliens lorsqu'approximant le temps d'arrêt $\mathfrak{t}$ par des instants rationnels on effectue le passage à la limite, que pour toute fonction $f : R^n \longrightarrow R$ continue et bornée on a

$$\int_{A \cap \{\mathfrak{t}<\infty\}} f(W^{\mathfrak{t}}_{t_1}, \ldots, W^{\mathfrak{t}}_{t_m})\, dW$$

$$= P(A \cap \{\mathfrak{t}<\infty\}) \int f(W_{t_1}, \ldots, W_{t_m})\, dW .$$

Pour cela soit $\mathfrak{t}_n$ le premier instant dyadique après l'instant $\mathfrak{t}$, càd l'instant $k\,2^{-n}$ avec $k-1 \leq \mathfrak{t}\, 2^n < k$. On a donc $\mathfrak{t}_n \downarrow \mathfrak{t}$ lorsque $n \uparrow \infty$, et donc d'après le théorème de Lebesgue sur la convergence dominée puisque les trajectoires du processus de Wiener sont continues et que la fonction f est continue et bornée

$$\int_{A \cap \{\mathfrak{t}<\infty\}} f(W^{\mathfrak{t}_n}_{t_1}, \ldots, W^{\mathfrak{t}_n}_{t_m})\, dW$$

$$= \lim_n \int_{A \cap \{\mathfrak{t}_n<\infty\}} f(W^{\mathfrak{t}_n}_{t_1}, \ldots, W^{\mathfrak{t}_n}_{t_m})\, dW$$

$$= \lim_n \sum_{k \geq 0} \int_{A \cap \{\mathfrak{t}_n = k\, 2^{-n}\}} f(W^{\mathfrak{t}}_{t_1}, \ldots, W^{\mathfrak{t}}_{t_m})\, dW .$$

Puisque si $A \in \mathfrak{A}_{\mathfrak{t}}$ on a $A \cap \{\mathfrak{t}_n = k2^{-n}\} \in \mathfrak{A}_{k2^{-n}}$, on a alors en utilisant le "starting afresh" du processus de Wiener par rapport aux temps constants $k2^{-n}$

$$= \lim_n \sum_{k \geq 0} P(A \cap \{\mathfrak{t}_n = k2^{-n}\}) \int f(W^{k2^{-n}}_{t_1}, \ldots, W^{k2^{-n}}_{t_m})\, dW$$

$$= P(A \cap \{\mathfrak{t}<\infty\}) \int f(W_{t_1}, \ldots, W_{t_m})\, dW ,$$

ce qui achève la démonstration

4.2. DIFFUSIONS SUR LA DROITE REELLE

Les diffusions que nous allons construire sur la droite réelle sont solutions d'une équation différentielle stochastique à coefficients (indéfini-ment) différentiables. La construction s'effectuant par "rapiéçage", càd par assemblage de diffusions locales, nous avons en particulier à établir deux choses :

D'abord, que deux diffusions solutions d'équations différentielles stochastiques dont les coefficients coïncident en tout point d'une boule presque sûrement ont des trajectoires identiques jusqu'au premier instant où elles atteignent la frontière de cette boule si ces trajectoires sont issues à l'instant initial d'un même point de cette boule.

Ensuite, que l'évolution des trajectoires de ces diffusions après ce premier instant d'atteinte de la frontière ne dépend que du point atteint sur la frontière, et non ("starting afresh") de leur évolution antérieure à l'intérieur de la boule.

Proposition 4.2.1 (Diffusion sur la droite réelle solution d'une équation différentielle stochastique à coefficients indéfiniment différentiables) Soit l'équation différentielle stochastique

$$dX_t = \sqrt{a}\, dW_t + bdt$$

où $a : R \to [0,\infty)$ et $b : R \to R$ sont deux fonctions indéfiniment différentiables.

Alors pour tout point initial $x \in R$, il existe une fonctionnelle du processus de Wiener X_t $(0 \leq t < \mathfrak{e})$ définie jusqu'à un temps d'explosion $\mathfrak{e} \leq \infty$, unique à une équivalence près, telle que

(1) p.s. ses trajectoires sont continues,

(2) la fonctionnelle $X_t\, 1_{\{t<\mathfrak{e}\}}$ est non anticipative,

(3) X_t est solution de l'équation différentielle stochastique ci-

dessus avec la condition initiale $X_o = x$, en d'autres termes

$$X_t = x + \int_0^t \sqrt{a}(X_s)\,dW_s + \int_0^t b(X_s)\,ds \qquad (t<\mathfrak{e}) \ ,$$

(4) si $\mathfrak{e}<\infty$

$$\lim_{t\uparrow \mathfrak{e}} X_t = +\infty \text{ ou } -\infty.$$

<u>Démonstration</u> : On peut remplacer l'hypothèse que a et b sont indéfiniment différentiables par celle qu'elles sont seulement continuement différentiables.

Etape 1 (Construction d'uns solution vérifiant (1), (2), (3))

Pour toute boule $B_n = \{x : |x| \leq n\}$ centrée à l'origine et de rayon $n \geq 1$, on construit (cf. Proposition 3.2.1) une solution X_t^n $(t \geq 0)$ de l'équation différentielle stochastique

$$dX_t = \sqrt{a}_n \, dW_t + b_n \, dt$$

avec $a_n : R \longrightarrow [0,\infty)$ et $b_n : R \longrightarrow R$ identiques à a et b en tout point de B_n, et prolongées hors de B_n en des fonctions lipschitziennes d'ordre 1 sur toute la droite réelle.

Soit alors

$$\mathfrak{t}_n = \sup \{t : |X_s^i| < n \text{ et } |X_s^j| < n \text{ qqst } s<t\}$$

le premier instant où l'un des deux processus X_t^i, X_t^j $(t \geq 0)$ atteint la frontière de la boule B_n. On a alors dès que $i,j \geq n$

$$\Psi(t) = E\left[1_{\{\mathfrak{t}_n > t\}} |X_t^i - X_t^j|^2\right]$$

$$= \int_{\{\mathfrak{t}_n > t\}} \left| \int_0^t \sqrt{a}\, dW_s + \int_0^t b\, ds \right|^2 dW$$

$$< 2(K^2+K^2) \int_0^t ds \int_{\{\mathfrak{t}_n > s\}} |X_s^i - X_s^j|^2 \, dW$$

avec $\sqrt{a} = \sqrt{a}(X^i_s) - \sqrt{a}(X^j_s)$, $b = b(X^i_s) - b(X^j_s)$, K une constante de Lipschitz de $\sqrt{a}$ et b sur B_n, et $\{\tau_n > s\} \supset \{\tau_n > t\}$ dès que $s \leq t$. On en déduit (en supposant pour simplifier $K \leq 1/2$) que

$$\Psi(t) \leq \int_0^t \Psi(s)\,ds \leq \ldots \leq \int_0^t \frac{(t-s)^n}{n!} \Psi(s)\,ds ,$$

et donc que $\Psi(t) = 0$ d'après le théorème de Lebesgue sur la convergence dominée. Ainsi les trajectoires de X^i_t, X^j_t p.s. coïncident jusqu'à l'instant τ_n qui p.s. ne dépend pas de $i,j \geq n$. On en déduit immédiatement une solution p.s. définie X_t $(\equiv X^n_t$ lorsque $t \leq \tau_n)$ de l'équation différentielle stochastique donnée jusqu'à l'instant d'explosion

$$\mathfrak{e} = \lim\uparrow \tau_n < \infty .$$

Aussi longtemps que X_t est définie, elle est non anticipative, en d'autres termes $X_t 1_{\{t<\mathfrak{e}\}}$ est non anticipative, et p.s. ses trajectoires sont continues.

Etape 2 (Unicité)

Si $X_t (t \geq 0)$ vérifie (3), la condition (2) entraîne que chaque processus $X_{t\wedge\tau_n}$ $(t \geq 0)$ vérifie lui-même l'équation différentielle stochastique donnée sur $\{t \leq \tau_n\}$. La condition (1) et le fait que chaque famille $X_{t\wedge\tau_n}$ $(t \geq 0)$ est bornée entraînent que chaque processus $X_{t\wedge\tau_n}$ $(t \geq 0)$ vérifie les conditions (1) et (2) de la Proposition 3.2.1 (solution d'une équation différentielle stochastique à coefficients lipschitziens), d'où son unicité sur $\{t \leq \tau_n\}$, d'où l'unicité de $X_t (0 \leq t \leq \mathfrak{e})$.

Etape 3 ($\lim_{t\uparrow\mathfrak{e}} X_t = \pm\infty$ si $\mathfrak{e} < \infty$)

Si $\lim_{t\uparrow\mathfrak{e}} X_t$ existe, cette limite ne peut être finie lorsque $\mathfrak{e} < \infty$, car on pourrait alors prolonger la solution de l'équation différentielle stochastique au-delà du temps d'explosion $\mathfrak{e}$. Donc ou bien $\lim_{t\uparrow\mathfrak{e}} X_t$ n'existe pas, ou bien $\lim_{t\uparrow\mathfrak{e}} X_t = \pm\infty$. Dans le premier cas, il existe deux intervalles disjoints $(-\infty, x]$ et $[y, +\infty)$ entre lesquels X_t oscille indéfiniment en les visitant l'un après l'autre. Soit $\tau_1 < \tau_2 < \ldots < \tau_n < \ldots$ la suite des premiers instants en lesquels X_t entre dans le premier intervalle (i.e. en lesquels $X_t = x$) après avoir visité le second intervalle. Les temps $\mathfrak{t}_{n+1} - \mathfrak{t}_n \, (n \geq 1)$ sont indépendants et de même répartition que le premier instant $\mathfrak{t}$ en lequel la solution de

$$X_t = x + \int_0^t \sqrt{a}\, dW_s + \int_0^t b\, ds$$

retourne en x après avoir visité y (i.e. sous la condition que $\sup\limits_{0 \leq t \leq \mathfrak{t}} X_t \geq y$). D'après la loi forte des grands nombres on a donc p.s. $\sum\limits_{n \geq 1} (\mathfrak{t}_{n+1} - \mathfrak{t}_n) = \infty$, ce qui est impossible si $\mathfrak{e} < \infty$.

La démonstration de cette dernière propriété repose d'ailleurs implicitement sur le fait que pour tout temps d'arrêt $\mathfrak{t}$ de la diffusion (et a fortiori du processus de Wiener) on a ("starting afresh" à partir des temps d'arrêt) sur $\{\mathfrak{t} < \infty\}$

$$X_t = X_{\mathfrak{t}} + \int_0^t \sqrt{a}\, dW_s + \int_0^t b\, ds \qquad (t \geq \mathfrak{t})$$

qui résulte del'unicité de la solution de l'équation différentielle stochastique donnée puisque si on désigne par $X_t^{X_{\mathfrak{t}}, \mathfrak{t}} \, (t \geq \mathfrak{t})$ la solution qui part de $X_{\mathfrak{t}}$ à l'instant $\mathfrak{t}$, on a presque sûrement

$$X_t = X_t^{X_{\mathfrak{t}}, \mathfrak{t}} \qquad (t \geq \mathfrak{t}) .$$

En effet, cette propriété est immédiate pour les temps d'arrêt constants. Il suffit alors pour l'établir dans le cas général d'approximer le temps d'arrêt $\mathfrak{t}$ par des instants dyadiques constants $\mathfrak{t}_n \downarrow \mathfrak{t}$ pour lesquels on observera que $W_{\mathfrak{t}_n + t} - W_{\mathfrak{t}_n} = W_t^{\mathfrak{t}_n}$ est un processus de Wiener, de sorte que

$$X_t = X_{\mathfrak{t}_n} + \int_{\mathfrak{t}_n}^t \sqrt{a}\, dW_s^{\mathfrak{t}_n} + \int_{\mathfrak{t}_n}^t b\, ds$$

$$= X_{\mathfrak{t}} + \int_{\mathfrak{t}}^t \sqrt{a}\, dW_s + \int_{\mathfrak{t}}^t b\, ds .$$

La Proposition suivante énonce et précise encore ce résultat :

Proposition 4.2.2 (Propriété de Markov) Soit $X_t\,(0\leq t\leq \zeta)$ la diffusion construite dans la précédente Proposition 4.2.1 jusqu'au temps d'explosion ζ. Alors pour tout temps d'arrêt $\mathfrak{t}$ et toute fonction mesurable $f : R \to R$ on a sur $\{\mathfrak{t}<\infty\}$

$$E\left[f(X_t)\,1_{\{t<\zeta\}}\,|X_{\mathfrak{t}}=x\right] = E\left[f(X_t^{x,\mathfrak{t}})\;1_{\{t<\zeta\}}\right]$$

où $X_t^{x,\mathfrak{t}}$ $(t\geq\mathfrak{t})$ est la solution (unique) de l'équation intégrale

$$X_t^{x,\mathfrak{t}} = x + \int_{\mathfrak{t}}^{t} \sqrt{a}\; dW_s + \int_{\mathfrak{t}}^{t} b\; ds$$

partant de x à l'instant $\mathfrak{t}$, avec $\sqrt{a} = \sqrt{a}\,(X_s^{x,\mathfrak{t}})$ et $b = b(X_s^{x,\mathfrak{t}})$. En particulier, pour tout borelien B de la droite réelle on a la relation

$$(P_t^s(x,B)=)\;E\left[1_B(X_t)\,1_{\{t<\zeta\}}|X_s=x\right] = E\left[1_B(X_t^{x,s})\;1_{\{t<\zeta\}}\right],$$

les probabilités de transition $P_t^s(x,B)$ satisfaisant ainsi à la relation de Chapman-Kolmogorov $(s<t<u)$:

$$P_u^s(x,B) = \int P_t^s(x,dy)\;P_u^t(y,B).$$

Démonstration : Il résulte de la remarque précédant l'énoncé de cette Proposition, à savoir p.s. $X_t = X_t^{X_{\mathfrak{t}},\mathfrak{t}}$, que

$$E\left[f(X_t)\,1_{\{t<\zeta\}}|X_{\mathfrak{t}}\right] = E\left[f(X_t^{X_{\mathfrak{t}},\mathfrak{t}})\,1_{\{t<\zeta\}}|\;X_{\mathfrak{t}}\right].$$

Afin de déterminer la fonction de régression de la v.a. $f(X_t^{X_{\mathfrak{t}},\mathfrak{t}})\,1_{\{t<\zeta\}}$ en $X_{\mathfrak{t}} = x$, observons que cette variable aléatoire est $\sigma(X_{\mathfrak{t}},W_{s\geq\mathfrak{t}})$-mesurable, donc est une fonction mesurable

$$g(X_{\mathfrak{t}},W_{t_1}^{\mathfrak{t}},W_{t_2}^{\mathfrak{t}},\ldots)$$

de $X_{\mathfrak{t}}$ et des $W_{t_i}^{\mathfrak{t}}$ $(i>1)$. Or une telle fonction est limite p.s. de fonctions"à variables séparées" $\varphi(X_{\mathfrak{t}})\;\Psi(W_{t_i}^{\mathfrak{t}},i\geq 1)$, et pour de telles fonctions on a, compte tenu de l'indépendance des $W_{t_i}^{\mathfrak{t}}$ $(i\geq 1)$ par rapport à $X_{\mathfrak{t}}$

$$E\left[\varphi(X_{\mathfrak{t}})\ \Psi(W^{\mathfrak{t}}_{t_i},i\geq 1)\,|\,X_{\mathfrak{t}}\right]$$

$$=\varphi(X_{\mathfrak{t}})\ E\left[\Psi(W^{\mathfrak{t}}_{t_i},i\geq 1)\,|\,X_{\mathfrak{t}}\right]$$

$$=\varphi(X_{\mathfrak{t}})\ E\left[\Psi(W^{\mathfrak{t}}_{t_i},\ i\geq 1)\right]\ ,$$

donc on a encore, pour la fonction de régression,

$$E\left[\varphi(X_{\mathfrak{t}})\ \Psi(W^{\mathfrak{t}}_{t_i},i\geq 1)\,|\,X_{\mathfrak{t}}=x\right]$$

$$=\varphi(x)\ E\left[\Psi(W^{\mathfrak{t}}_{t_i},i\geq 1)\right]$$

$$=E\left[\varphi(x)\ \Psi(W^{\mathfrak{t}}_{t_i},\ i\geq 1)\right]\ ,$$

et donc enfin plus généralement

$$E\left[g(X_{\mathfrak{t}},W^{\mathfrak{t}}_{t_1},\dots)\ |X_{\mathfrak{t}}=x\right]=E\left[g(x,W^{\mathfrak{t}}_{t_1},\dots)\right]\ ,$$

ce qui établit la première relation annoncée. On a enfin, sans expliciter les indicateurs $1_{\{t<\mathfrak{e}\}}$ afin de simplifier les notations,

$$P^s_u(x,B)=E\left[1_B(X^{x,s}_u)\right]$$

$$=E\left[E[1_B(X^{x,s}_u)\,|X_t]\right]=\int E\left[1_B(X^{x,s}_u)\,|X_t=y\right]\ W\{X^{x,s}_t\in dy\}$$

$$=\int E\left[1_B(X^{y,t}_u)\right]\ W\{X^{x,s}_t\in dy\}=\int P^s_t(x,dy)\ P^t_u(y,B)\,,$$

ce qui achève la démonstration.

Nous pouvons maintenant définir la dérivée à droite de la diffusion :

Proposition 4.2.3 (Dérivée à droite de la diffusion) Soit encore $X_t\ (0\leq t\leq\mathfrak{e})$ la diffusion construite dans la Proposition 4.2.1 jusqu'au temps d'explosion $\mathfrak{e}$. Alors pour toute fonction (indéfiniment) différentiable à support compact $f:[0,\infty)\times R\to R$ la limite suivante existe et définit la dérivée à droite R de la diffusion X_t en $X_t=x$

$$(Rf)(x) = \lim_{h\downarrow 0} E\left[\frac{f(X_{t+h})-f(X_t)}{h} \,\Big|\, X_t = x\right] = (f'_t + v_+ f'_x + \nu f''_{xx})(x)$$

avec la vitesse à droite $v_+ = b$ et le coefficient de diffusion $\nu = a/2 (= D)$.

Si d'ailleurs les fonctions $a : [0,\infty)\times R \to R$ et $b : [0,\infty)\times R \to R$ sont (uniformément en t) lipschitziennes d'ordre 1 par rapport à la variable d'espace, on a alors les relations

$$\lim_{h\downarrow 0} E\left[\frac{X_{t+h}-X_t}{h} \,\Big|\, X_t = x\right] = v_+(x) \quad \text{et}$$

$$\lim_{h\downarrow 0} E\left[\frac{|X_{t+h}-X_t|^2}{h} \,\Big|\, X_t = x\right] = 2\nu(x) .$$

Démonstration. D'après la précédente Proposition 4.2.2 (propriété de Markov) on a

$$E\left[f(X_{t+h})-f(X_t) \,|\, X_t = x\right] = E\left[f(X^{x,t}_{t+h})-f(x)\right]$$

où $X^{x,t}_u (u\geq t)$ est la solution de l'équation différentielle stochastique issue de x à l'instant t. On a alors d'après la formule de Ito

$$\begin{aligned} df &= f'_t\, dt + f'_x\, dX^{x,t} + \frac{1}{2} f''_{xx}\, dX^{x,t}.dX^{x,t} \\ &= (f'_t + v_+ f'_x + \nu f''_{xx})dt + f'_x \sqrt{a}\, dW_t \end{aligned}$$

de sorte qu'on a

$$E\left[\frac{f(X^{x,t}_{t+h})-f(x)}{h}\right] = E\left[\frac{1}{h}\int_t^{t+h} (f'_t + v_+ f'_x + \nu f''_{xx})(X^{x,t}_s)ds\right]$$

puisque l'espérance de l'intégrale stochastique $\int f'_x \sqrt{a}\, dW_s$ est nulle, la fonction f étant à support compact (Proposition 3.1.1).

On observe alors que

$$E\left[\frac{1}{h}\int_t^{t+h} (f'_t(X^{x,t}_s)-f'_t(x))ds\right] = E\left[\int_0^1 (f'_t(X^{x,t}_{t+\theta h})-f'_t(x))\, d\theta\right]$$

avec $s = t+\theta h$, cette dernière expression tendant vers 0 lorsque $h\downarrow 0$ puisque sa valeur absolue est majorée par

$$||f'_t|| \int_0^1 E\left[|X^{x,t}_{t+\theta h}-x|\right]d\theta \longrightarrow 0$$

avec $||f'_t|| = \sup |f'_t| < \infty$, l'espérance étant en fait restreinte à l'intégrale

$$\int_{\{X^{x,t}_{t+\theta h} \in \text{ supp } f\}} |X^{x,t}_{t+\theta h}-x| \; dW$$

et donc étant bornée et tendant vers 0 d'après le théorème de Lebesgue sur la convergence dominée puisque le supp(ort) de f est compact, de sorte que l'intégrale (par rapport à $d\theta$) de cette espérance tend elle-même vers 0 .

On a semblablement, avec la même remarque concernant l'espérance

$$\left|E\left[\frac{1}{h} \int_t^{t+h} ((v_+ f'_x)(X^{x,t}_s)-(v_+f'_x)(x))ds\right]\right|$$

$$= \left|E\left[\int_0^1 ((v_+f'_x)(X^{x,t}_{t+\theta h})-(v_+f'_x)(x)) \; d\theta\right]\right|$$

$$\leqslant K \; ||f'_x|| \int_0^1 E\left[|X^{x,t}_{t+\theta h}-x|\right] \; d\theta \longrightarrow 0$$

où K est une constante de Lipschitz de v_+ sur le support de f , et où $||f'_x|| = \sup |f'_x| < \infty$.

On a enfin tout aussi bien

$$\left|E\left[\frac{1}{h} \int_t^{t+h} ((\nu f''_{xx})(X^{x,t}_s)-(\nu f''_{xx})(x)) \; ds\right]\right|$$

$$= \left|E\left[\int_0^1 ((\nu f''_{xx})(X^{x,t}_{t+ h})-(\nu f''_{xx})(x))d\theta\right]\right|$$

$$\leqslant \frac{1}{2} K \; ||f''_{xx}|| \int_0^1 \; E\left[|X^{x,t}_{t+ h}-x|\right] \; d\theta \longrightarrow 0$$

où $K/2$ est une constante de Lipschitz de $\nu = a/2$ sur le support de f .

Si d'ailleurs les fonctions a et b sont lipschitziennes d'ordre 1, la démonstration ci-dessus s'adapte immédiatement pour toute fonction

$f : \mathbb{R} \to \mathbb{R}$ dont la dérivée f''_{xx} est bornée. En effet, la famille de v.a. $X_s^{x,t}$ $(s \geq t)$ est alors (de carré) équi-intégrable et p.s. continue (Proposition 3.2.1), donc est aussi continue en moyenne d'ordre 1 (et 2) (Proposition 1.7.2), et donc les espérances $E\left[|X_{t+\theta h}^{x,t} - x|^p\right]$ avec $p = 1,2$ sont bornées et tendent vers 0 lorsque $h \downarrow 0$, de sorte que l'intégrale (par rapport à $d\theta$) de chacune de ces espérances tend vers 0 d'après le théorème de Lebesgue sur la convergence dominée.

Si on prend alors la fonction f t.q. $f(y) = y$ en tout point $y \in \mathbb{R}$, on obtient en particulier

$$\lim_{h \downarrow 0} E\left[\frac{X_{t+h}^{x,t} - x}{h}\right] = v_+(x).$$

Et si la fonction f est choisie telle que $f(y) = y^2$, on aura

$$\lim_{h \downarrow 0} E\left[\frac{(X_{t+h}^{x,t})^2 - x^2}{h}\right] = 2x\, v_+(x) + 2\nu(x) ,$$

de sorte qu'on obtient la dernière relation annoncée en observant que $(X_{t+h}^{x,t} - x)^2 = (X_{t+h}^{x,t})^2 - x^2 - 2x(X_{t+h}^{x,t} - x)$.

L'importance de cette dérivée à droite apparaît déjà dans le fait que, à la condition initiale près, elle détermine la diffusion :

<u>Proposition 4.2.4</u> (La dérivée à droite gouverne la diffusion) La dérivée à droite R de la diffusion X_t $(0 \leq t \leq \zeta)$ gouverne cette diffusion en ce sens qu'à partir de toute condition initiale $X_\tau = x_0$ atteinte pour une valeur du temps d'arrêt $\tau = t_0$, la diffusion évolue de sorte que sa densité de répartition à l'instant t, à savoir la fonction ρ telle que $(t > t_0)$

$$\rho(t,x)\,dx = W\{X_t^{x_0,t_0} \in dx \; ; \; t < \zeta\} ,$$

satisfait et est déterminée par les deux propriétés suivantes :

(1) $\rho :]t_0, \infty) \times \mathbb{R} \to \mathbb{R}$ admet une version indéfiniment différentiable,

(2) cette version est la plus petite solution positive normalisée (i.e. telle que $\lim_{t \downarrow 0} \int \rho_t(x)\,dx = 1$) avec pôle en x_0 de l'équation "en

avant"

$$- R^{*}\rho \equiv \partial_t \rho + (v_+\rho)'_x - (\frac{a}{2}\rho)''_{xx} = 0$$

où R^{*} désigne l'adjoint (par rapport à la mesure dt dx) de la dérivée à droite R.

Démonstration : La minimalité de la densité $\rho \geq 0$ est due au fait que le temps d'explosion $\mathfrak{e}$ est aussi bien un temps d'arrêt, au-delà duquel on pourrait poursuivre la construction de la diffusion en se donnant une règle pour repartir du point $\pm\infty$ lorsque $\mathfrak{e} < \infty$. On obtiendrait ainsi une suite de diffusions ordonnée selon le nombre de passages par la frontière de la droite réelle finie ainsi effectués, la probabilité de visite d'un borelien étant croissante plus nombreux les passages à la frontière sont permis. Comme on n'en permet aucun, la probabilité est minimale.

Etape 1 (ρ admet une version indéfiniment différentiable)

Un lemme classique dû à H. Weyl (cf appendice 4) affirme que si $\rho :]0,\infty) \times R \to R$ est la densité (au sens du théorème de Radon-Nikodym) d'une probabilité sur la droite réelle telle que

$$\int_{]0,\infty)\times R} \rho(\partial_t f + Gf)\, dt\, dx = 0$$

pour toute fonction à support compact $f :]0,\infty)\times R \to R$ indéfiniment différentiable, avec $G = R - \partial_t$ elliptique, alors ρ peut être modifiée en une fonction indéfiniment différentiable et satisfaire alors à l'équation

$$- R^{*}\rho \equiv (\partial_t - G^{*})\rho = 0$$

où G^{*} désigne l'adjoint de G (et où $\partial_t = \partial/\partial t$). Or pour une telle fonction f on a d'après le lemme de Ito

$$df = (Rf)(X_t^{x_o,t_o})dt + f'_x \sqrt{a}\, dW_t \ .$$

Comme le support de la fonction f est compact, l'espérance de l'intégrale stochastique $\int f'_x \sqrt{a}\, dW_t$ est nulle et on aura donc

$$0 = E\left[f(\zeta,X_\zeta) - f(t_o,x_o)\right]$$

$$= \int_{t_o}^{\infty} E\left[(Rf)(X_t^{x_o,t_o})1_{\{t<\zeta\}}\right] dt$$

$$= \int_{]t_o,\infty)\times R} (Rf)(t,x)\ \rho(t,x)\ dt\ dx\ .$$

Etape 2 ($\rho \geqslant 0$ est la solution minimale de l'équation "en avant")

On s'appuie sur l'unicité de la solution de l'équation

$$\partial_t u = Gu$$

définie dans le domaine $[0,\infty)\times[-n,n]$ lorsqu'on prend pour conditions aux limites de ce domaine

$$\lim_{t\downarrow t_o} u(t-t_o,.) = f(.) \qquad u(.,\pm n) = 0$$

où $f : [-n,n] \to R$ est une fonction continue arbitraire. La signification probabiliste d'une telle solution apparaît immédiatement en observant que d'après la formule de Ito (l'instant t est fixé, on dérive par rapport à l'instant s de sorte que ce n'est pas la dérivée à droite qui apparaît mais $-\partial_t+G$)

$$du(t-s,X_s^{x_o,t_o}) = (-\partial_t u+Gu)(X_s^{x_o,t_o}) + u'_x(t-s,X_s^{x_o,t_o})\sqrt{a}\ dW_s$$

$$= u'_x(t-s\ ,\ X_s^{x_o,t_o})\sqrt{a}\ dW_s\ .$$

En effet, on a alors en désignant par ζ_n le premier instant où la diffusion $X_t^{x_o,t_o}$ $(t \geqslant t_o)$ atteint la frontière de la boule $B_n = [-n,n]$

$$0 = E\left[\int_{t_o}^{t\wedge\zeta_n} u'_x(t-s,X_s^{x_o,t_o})\sqrt{a}\ dW_s\right]$$

$$= E\left[u(t-t\wedge\zeta_n,\ X_{t\wedge\zeta_n}^{x_o,t_o}) - u(t-t_o,X_{t_o}^{x_o,t_o})\right]$$

$$= E\left[u(0,X_t^{x_o,t_o})\ 1_{\{t<\zeta_n\}}\right] + E\left[u(t-\zeta_n,X_{\zeta_n}^{x_o,t_o})\ 1_{\{t\geqslant\zeta_n\}}\right]$$

$$- u(t-t_o,x_o)\ ,$$

d'où puisque $u(t-\mathfrak{t}_n, X_{\mathfrak{t}_n}^{x_o,t_o}) = 0$, l'interprétation cherchée

$$u(t-t_o,x_o) = E\left[f(X_t^{x_o,t_o})\ 1_{\{t<\mathfrak{t}_n\}}\right] ,$$

cette expression étant donc positive dès que $f \geq 0$.

Soit alors une fonction $f \geq 0$ continue à support compact, et $q>0$ une solution (définie sur $]t_o,\infty) \times R)$ avec pôle en x_o à l'instant initial t_o de l'équation "en avant" $-R^* q \equiv (\partial_t - G^*)q = 0$. On pose $(t_o<s<t)$

$$F_s = \int_{-n}^{n} q(s,x)\ u(t-s,x)\ dx$$

égale d'ailleurs à $E\left[f(X_t^{x_o,t_o})\ 1_{\{t<\mathfrak{t}_n\}}\right]$ lorsque $q \equiv \rho$. On a $\partial_s F \geq 0$ car il vient d'abord

$$\frac{\partial F}{\partial s} = \int_{-n}^{n} (\partial_s q)(s,x)\ u(t-s,x)dx - \int_{-n}^{n} q(s,x)(\partial_t u)(t-s,x)\ dx$$

$$= \int_{-n}^{n} (G^* q)(s,x)\ u(t-s,x)dx - \int_{-n}^{n} q(s,x)(Gu)(t-s,x)\ dx$$

$$= \int_{-n}^{n} \left[-(v_+q)' + (\frac{a}{2}q)''\right] udx - \int_{-n}^{n} q\left[v_+u' + \frac{a}{2}u''\right] dx$$

puisque $Gq = v_+q' + \frac{a}{2}q''$ d'où $G^* q = -(v_+q)' + (\frac{a}{2}q)''$. Intégrant par parties, on obtient ainsi après simplification

$$= \left[-v_+qu + (\frac{a}{2}q)'u - q\frac{a}{2}u'\right]\Big|_{-n}^{n} \geq 0$$

parce que $u(t-s,\pm n) = 0$ et qu'il reste $-q\frac{a}{2}u'\Big|_{-n}^{n}$ avec $u'_x(t-s,\pm n) \lesseqgtr 0$ puisque $f \geq 0$. On a donc $F_t \geq F_{t_o}$, de sorte que

$$F_t - F_o \equiv \int_{-n}^{n} q(t,x)\ f(x)\ dx - u(t-t_o,x_o) \geq 0 ,$$

cette relation exprimant en fait que l'espérance de la v.a. $f(X_t^{x_o,t_o})$ pour une diffusion $X_t^{x_o,t_o}$ transitant de $x_o \in [-n,n]$ à x dans l'intervalle de temps $t-t_o$ sans franchir les frontières de la boule $B_n = [-n,n]$ est majorée par l'espérance de la v.a. $f(X_t^{x_o,t_o})$ lorsque $X_t^{x_o,t_o}$ est une diffusion pouvant dans le même intervalle de temps (ou seulement jusqu'à l'instant intermédiaire s dans la définition de F_s ci-dessus) non seulement franchir la frontière de B_n , mais éventuellement aussi la frontière de la variété (ici la droite réelle) un certain nombre de fois, ce qui augmente la densité de répartition q .

On a fonc finalement

$$\begin{aligned}
&\int \rho(t,x)\ f(x)\ dx \\
&= E\left[f(X_t^{x_o,t_o})\ 1_{\{t<\zeta\}}\right] \\
&= \lim_{n\uparrow\infty} \uparrow E\left[f(X_t^{x_o,t_o})\ 1_{\{t<\zeta_n\}}\right] \\
&= \lim_{n\uparrow\infty} \uparrow u(t-t_o,x_o) \leq \int q(t,x)\ f(x)\ dx ,
\end{aligned}$$

d'où (la fonction u dépend de n) effectivement $\rho\leq q$ puisque la fonction $f\geq 0$ est arbitraire, ce qui achève la démonstration.

4.3. DIFFUSIONS SUR UNE VARIETÉ

Tout ce qui précède s'étend d'abord immadiatement au cas d'une diffusion $X_t (0\leq t\leq \zeta)$ à valeurs dans un espace vectoriel $R^d (d\geq 1)$ et solution d'une équation différentielle stochastique

$$dX_t = \sqrt{a}\ dW_t + b\ dt$$

avec $a : [0,\infty) \times R^d \longrightarrow R^d \otimes R^d$ et $b : R^d \longrightarrow R^d$ continuement différentiables. Pour toute fonction (indéfiniment) différentiable à support compact $f : [0,\infty) \times R^d \longrightarrow R$ (ou R^d), la limite suivante existe et définit la dérivée à droite R de la diffusion en $X_t = x$

$$(Rf)(x) = \lim_{h\downarrow 0} E\left[\frac{f(X_{t+h})-f(X_t)}{h}\ \middle|\ X_t = x\right] = (\partial_t f + \langle v_+, f\rangle + \Sigma \nu_{ij} f''_{ij})(x)$$

avec la vitesse à droite $v_+ = b$ et la matrice (semi-définie positive) des coefficients de diffusion $\nu = \frac{1}{2}\ a$.

On a d'ailleurs (avec les mêmes précautions) les relations

$$\lim_{h\downarrow 0} E\left[\frac{X_{t+h}-X_t}{h}\,\middle|\,X_t = x\right] = v_+(x) \quad \text{et}$$

$$\lim_{h\downarrow 0} E\left[\frac{(X^i_{t+h}-X^i_t)(X^j_{t+h}-X^j_t)}{h}\,\middle|\,X_t = x\right] = 2\nu_{ij}(x)$$

où les $X^i_t (1\leq i\leq d)$ sont les composantes de X_t. Et cette dérivée à droite gouverne la diffusion en ce sens que la densité de répartition à l'instant t de la diffusion $X_t^{x_o,t_o}$ issue de x_o à l'instant t_o, à savoir la fonction ρ telle que $(t>t_o)$

$$\rho(t,x)\,dx = W\,\{X_t^{x_o,t_o} \in dx\ ;\ t<\zeta\}$$

admet une version indéfiniment différentiable qui est la plus petite solution positive avec pôle en x_o à l'instant t_o de l'équation "en avant"

$$-\,R^*\rho \equiv \partial_t\rho + \operatorname{div}(\rho v_+) - \Sigma\, \partial_i\, \partial_j(\rho\nu_{ij}) = 0$$

où $\partial_t = \partial/\partial t$ et semblablement $\partial_i = \partial/\partial x^i$. Toutes les démonstrations sont identiques à celles données ci-dessus dans le cas où $d = 1$

La définition d'une variété de dimension finie $d\geq 1$ repose sur l'idée d'assembler en un tout cohérent qu'on appellera une structure différentiable des règles de différentiation définies localement au moyen d'un ensemble dénombrable d'ouverts de R^d appelés cartes.

L'exemple de la sphère à deux dimensions $S^2 = \{x : |x| = 1\}$ centrée à l'origine de R^3 et de rayon unité éclaire une telle définition. On peut construire, localement, des bijections (i.e. des applications biunivoques) entre S^2 et tout ou partie du plan R^2. En particulier en effectuant deux projections stéréographiques, l'une $\varphi_n : S^2\setminus n \to R^2$ (i.e. définie sur la sphère moins le pôle nord, à valeurs dans le plan) à partir du pôle nord n sur le plan tangent au pôle sud s, et l'autre $\varphi_s : S^2\setminus s \to R^2$ vice versa, on obtient deux cartes représentant à elles deux l'ensemble de la sphère, une seule ne suffisant d'ailleurs pas car il manquerait alors un pôle.

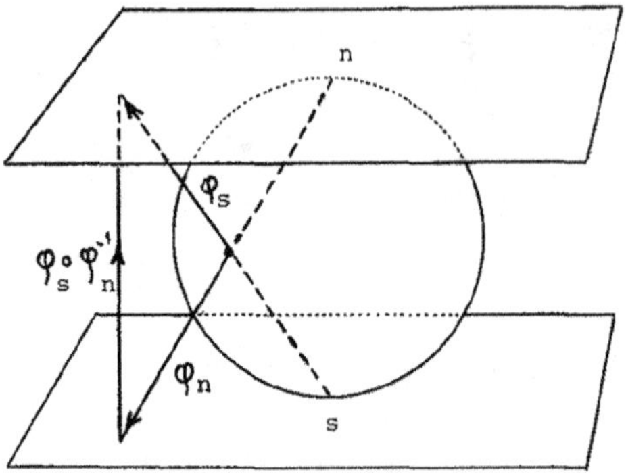

Ces deux cartes peuvent être assemblées pour définir une structure différentiable sur la sphère : on pourra dire par exemple d'une fonction $f : S^2 \to R$ qu'elle est indéfiniment différentiable lorsque ses deux représentations se complétant l'une l'autre $f \circ \varphi_n^{-1}$ $[\equiv f(\varphi_n^{-1})]$ sur la première carte et $f \circ \varphi_s^{-1} [\equiv f(\varphi_s^{-1})]$ sur la seconde sont indéfiniment différentiables. En effet il y a cohérence sur la partie $S^2 \setminus \{n+s\}$ de la sphère commune aux deux cartes car

$$f \circ \varphi_n^{-1} = f \circ \varphi_s^{-1} \circ \varphi_s \circ \varphi_n^{-1} \quad \text{et} \quad f \circ \varphi_s^{-1} = f \circ \varphi_n^{-1} \circ \varphi_n \circ \varphi_s^{-1}$$

et que les bijections $\varphi_s \circ \varphi_n^{-1}$ et $\varphi_n \circ \varphi_s^{-1}$ sont elles-mêmes indéfiniment différentiables

Définition 4.3.1 (Variété de dimension finie) Une variété M de dimension finie $d \geq 1$ est un espace connexe (donc connexe par arcs) dont la topologie et la structure différentiable sont déterminées par la donnée d'un atlas dénombrable de cartes, càd par une famille dénombrable de cartes compatibles telles que :

(1) Une carte de M est l'image d'un sous-ensemble $U \subset M$ par une bijection φ sur un ouvert de R^d, elle sera désignée par le couple (U, φ).

(2) Un <u>atlas</u> de M est une famille de cartes $(U_i, \varphi_i)(i\in I)$ recouvrant M (i.e. telles que $\bigcup_{i\in I} U_i = M$) et compatibles en ce sens que si deux cartes se chevauchent, càd sont telles que $U_i \cap U_j \neq \emptyset$, alors les applications

$$\varphi_{ij} = \varphi_j \circ \varphi_i^{-1} \quad \text{et} \quad \varphi_{ji} = \varphi_i \circ \varphi_j^{-1} ,$$

restreintes respectivement à $\varphi_i(U_i \cap U_j)$ et $\varphi_j(U_i \cap U_j)$ que l'on requiert d'être ouverts dans R^d, sont indéfiniment différentiables.

Un ensemble $A\subset M$ est alors un <u>ouvert</u> si l'image $\varphi_i(A\cap U_i)$ de son intersection sur chaque carte (U_i, φ_i) de l'atlas est un ouvert de R^d. En particulier, chacun des ensembles $U_i (i\in I)$ représentés dans l'atlas est un ouvert.

Une fonction $f : M \to R$ est <u>continue</u> si chacune de ses représentations $f \circ \varphi_i^{-1} : R^d \to R$ sur les cartes de l'atlas est continue.

Une fonction $f : M \to R$ est <u>n fois</u> (resp. <u>indéfiniment</u>) <u>différentiable</u> si chacune de ses représentations $f \circ \varphi_i^{-1} : R^d \to R$ sur les cartes de l'atlas est n fois (resp. indéfiniment) différentiable.

Enfin, un sous-ensemble $B\subset M$ est un <u>borelien</u> si l'image $\varphi_i(B\cap U_i)$ de son intersection sur chaque carte (U_i, φ_i) de l'atlas est un borelien de R^d. La classe des boreliens de la variété M constitue une σ-algèbre qui coïncide avec la σ-algèbre engendrée par les ouverts de cette variété. Et une fonction $f : M \to R$ est <u>mesurable</u> si chacune de ses représentations $f \circ \varphi_i^{-1} : R^d \to R$ est mesurable.

Nous allons maintenant construire des diffusions sur une variété gouvernées par des opérateurs elliptiques donnés sur cette variété.

<u>Proposition</u> 4.3.2 (Opérateur elliptique) Soit G un opérateur elliptique sur une variété M de dimension $d\geq 1$, càd un opérateur différentiel pouvant sur chaque carte s'exprimer sous la forme

$$G = \frac{1}{2} \Sigma\, a_{ij} \frac{\partial^2}{\partial x_i\, \partial x_j} + \sum_i b_i \frac{\partial}{\partial x_i} + c$$

avec $a = (a_{ij})$, $b = (b_i)$ et c indéfiniment différentiables, la matrice a étant symétrique [i.e. $a = a^t$ (= transposée de a)] et positive [i.e. $\langle x, ax\rangle > 0$ pour tout $x \neq 0$].

Alors la racine symétrique positive $\sqrt{a}$ de a est indéfiniment différentiable et dans tout changement de carte $y = \varphi_{ij}(x) = \varphi_j \circ \varphi_i^{-1}$ on a en introduisant le Jacobien (non singulier) $J = \partial y/\partial x$

$$(1)\quad G = \frac{1}{2} \sum_{ij} a'_{ij} \frac{\partial^2}{\partial y_i\, \partial y_j} + \sum_i b'_i \frac{\partial}{\partial y_i} + c'$$

avec

$$a' = J\, a\, J^t \quad , \quad b' = (G-c)y \quad , \quad c' = c$$

$$(2)\quad \sqrt{a'} = \sqrt{Ja\, J^t} = J \sqrt{a}\; O$$

avec $O : R^d \to R^d \otimes R^d$ orthogonale et indéfiniment différentiable.

$$(3)\quad \sqrt{\det a'}^{-1}\, dy = \sqrt{\det a}^{-1}\, dx \; ,$$

cet invariant par changement de carte définissant un volume sur (plus précisément une mesure positive non singulière sur les boreliens de) la variété M .

Démonstration : On peut toujours, au moins localement, se ramener par homothétie au cas où $0 < a \leq 1$. On a alors

$$\sqrt{a} = \sum_{n \geq 0} \binom{1/2}{n} (a-1)^n \; ,$$

la somme au second membre, où l'on a posé

$$\binom{r}{n} = \frac{r(r-1)\ldots(r-n+1)}{n\,!} \quad \text{avec } r = 1/2 \; ,$$

pouvant être différentiée terme à terme.

D'autre part, dans un changement de carte $y = \varphi_{..}(x)$ on a

$$\frac{\partial}{\partial x_i} = J_{ki} \frac{\partial}{\partial y_k} = J^t_{ik} \frac{\partial}{\partial y_k}$$

et donc

$$a_{ij}\frac{\partial}{\partial x_i}\frac{\partial}{\partial x_j} = J_{ki}\, a_{ij}\frac{\partial}{\partial y_k}(J^t_{jl}\frac{\partial}{\partial y_l})$$

$$= (Ja\,J^t)_{kl}\frac{\partial}{\partial y_k}\frac{\partial}{\partial y_l} + \text{termes du 1er ordre} .$$

De plus, la matrice indéfiniment différentiable O est orthogonale puisque

$$OO^t = (J\sqrt{a})^{-1}\sqrt{Ja\,J^t}^t\sqrt{Ja\,J^t}^t\,(J\sqrt{a})^{-1t} = I .$$

Enfin on a

$$\sqrt{\det a'^{-1}}\,dy = \sqrt{\det(Ja\,J^t)^{-1}}\,|\det J|\,dx$$

$$= \sqrt{\det a^{-1}}\,dx ,$$

et comme la matrice a est positive, on a toujours $\sqrt{\det a^{-1}}>0$, de sorte que cet invariant par changement de carte définit un volume sur M , plus précisément une mesure positive non singulière [i.e. équivalente (au sens du théorème de Radon-Nikodym) sur chaque carte à la mesure de Lebesgue dans R^d] sur les boreliens de la variété.

Reprenant l'exemple de la sphère S^2 , faisons correspondre à tout point $q\in S^2\setminus\{n+s\}$ le point de R^2 $(\equiv R+iR)$ d'affixe $z(\equiv x+iy) = \sin\theta\, e^{i\varphi}$ avec $0<\theta<\pi$ et $0\leq\varphi< 2\pi$. Le laplacien sphérique a alors pour expression sur cette carte

$$\Delta = \frac{\partial}{\partial\theta 2} + \frac{1}{\sin^2\theta}\frac{\partial^2}{\partial\varphi 2} + \operatorname{cotg}\theta\frac{\partial}{\partial\theta} ,$$

et la mesure $\sqrt{\det a^{-1}}\,d\theta\,d\varphi = \text{const.}\sin\theta\,d\theta\,d\varphi$ n'est autre que la mesure riemannienne (invariante par rotation) de la sphère, la mesure de la sphère étant égale à 4π si la constante est égale à 1.

Dans tout ce qui suit, les opérateurs elliptiques G considérés seront d'ailleurs tels que $G1(=c) = 0$, ce qui correspond au cas d'une diffusion pour laquelle la mesure de probabilité est conservée localement (absence de source et de puits), la seule perte de masse possible provenant d'une extinction éventuelle de la diffusion à la frontière de la variété.

Proposition 4.3.3 (Diffusion sur une variété) Soit G un opérateur elliptique sur une variété M tel que $G1 = 0$. Alors les solutions locales (sur les cartes de M) de l'équation intégrale

$$X_t = x + \int_0^t \sqrt{a}\, dW_s + \int_0^t b\, ds$$

avec $G = \frac{1}{2} \Sigma\, a_{ij} \frac{\partial^2}{\partial x_i\, \partial x_j} + \Sigma\, b_i \frac{\partial}{\partial x_i}$, $\sqrt{a} = \sqrt{a}(X_s)$ et $b = b(X_s)$, peuvent être assemblées en une diffusion $Z_t (0 \leq t \leq \mathfrak{e})$ de dérivée à droite $R = \partial_t + G$. Plus précisément :

(1) p.s. les trajectoires de Z_t sont continues, et définies jusqu'au temps d'explosion $\mathfrak{e} \leq \infty$. Si la variété M est compacte, on a $\mathfrak{e} = \infty$. Si la variété n'est pas compacte, on a sur $\mathfrak{e}$

$$\lim_{t \uparrow \mathfrak{e}} Z_t = \infty$$

où ∞ désigne le point de compactification à l'infini de la variété.

(2) Pour toute condition initiale $Z_{\mathfrak{t}} = q_o$ atteinte pour une valeur du temps d'arrêt $\mathfrak{t} = t_o$, la diffusion évolue de sorte que son image sur une carte coïncide jusqu'à l'instant de sortir de la carte avec la solution de l'équation intégrale

$$X_t^{x_o, t_o} = x_o + \int_0^t \sqrt{a}\, dW_s + \int_0^t b\, ds ,$$

avec $\sqrt{a} = \sqrt{a}(X_s^{x_o, t_o})$ et $b = b(X_s^{x_o, t_o})$, x_o étant l'image de q_o sur la carte, et le mouvement brownien $W_s (s \geq 0)$ dépendant de la carte utilisée.

(3) La diffusion $Z_t (0 \leq t \leq \mathfrak{e})$ est markovienne ("starting afresh") : Pour tout temps d'arrêt $\mathfrak{t}$ de la diffusion et toute fonction mesurable $f : R \to R$ on a sur $\{ \mathfrak{t} < \mathfrak{e} \}$

$$E \left[f(Z_t)\, 1_{\{t<\mathfrak{e}\}} \middle| Z_{\mathfrak{t}} = q \right] = E \left[f(Z_t^{q,\mathfrak{t}})\, 1_{\{t<\mathfrak{e}\}} \right]$$

où $Z_t^{q,\mathfrak{t}}$ $(\mathfrak{t} \leq t \leq \mathfrak{e})$ est l'unique diffusion partant de q à l'instant $\mathfrak{t}$, de dérivée à droite $\partial_t + G$, et définie jusqu'au temps d'explosion $\mathfrak{e}$.

(4) Pour toute fonction indéfiniment différentiable à support compact $f : [0,\infty) \times M \to R$, la limite suivante existe et définit la dérivée à droite

$$(Rf)(q) = \lim_{h\downarrow 0} E\left[\frac{f(Z_{t+h})-f(Z_t)}{h}\middle| Z_t = q\right] = (\partial_t f+Gf)(q)$$

de la diffusion en $Z_t = q$. Cette dérivée à droite gouverne la diffusion en ce sens qu'à partir de toute condition initiale $Z_{\zeta} = q_o$ atteinte pour une valeur du temps d'arrêt $\zeta = t_o$, la diffusion évolue de sorte que sa densité de répartition à l'instant t , à savoir la fonction ρ telle que $(t>t_o)$

$$\rho(t,q)dq = \text{Prob. } \{Z_t^{q_o,t_o} \in dq \ ; \ t<\mathscr{C}\}$$

avec $dq = \sqrt{\det a^{-1}}\, dx$, satisfait et est déterminée par les deux propriétés suivantes :

(5) $\rho:]t_o,\infty) \times M \longrightarrow R$ admet une version indéfiniment différentiable.

(6) Cette version est la plus petite solution positive normalisée (i.e. telle que $\lim_{t\downarrow t_o} \int_U \rho(t,q)dq = 1$ pour tout ouvert $U\ni q$) avec pôle en q_o de l'équation "en avant"

$$- R^{*}\rho \equiv \partial_t\rho-G^{*}\rho = 0 \ ,$$

où R^{*} désigne l'adjoint (par rapport à la mesure $dt\, dq$) de la dérivée à droite R , et G^{*} l'adjoint (par rapport à la mesure dq) de l'opérateur elliptique G .

Démonstration : On construit la diffusion sur la variété par assemblage en procédant de carte en carte.

Etape 1 (Construction de Z_t sur une première carte)

Pour construire la diffusion partant de $q_o\in M$ à l'instant $t=0$, soit une carte (U_1,φ_1) telle que $q_o\in U_1$. L'opérateur elliptique G peut alors s'exprimer sous la forme

$$G = \frac{1}{2}\sum a_{ij} \frac{\partial^2}{\partial x_i\, \partial x_j} + \sum b_i \frac{\partial}{\partial x_i} \ .$$

On prolonge a et b de l'ouvert $\varphi_1(U_1)$ à tout l'espace R^d en applications $a : R^d \longrightarrow R^d \otimes R^d$ et $b : R^d \longrightarrow R^d$ indéfiniment différentiables à support compact, et on construit la diffusion $X_t^1 (t\geq 0)$ dans R^d

solution de l'équation intégrale

$$X_t^1 = x_o + \int_0^t \sqrt{a}\, dW_s + \int_0^t b\, ds$$

avec $x_o = \varphi_1(q_o)$, $\sqrt{a} = \sqrt{a}(X_s^1)$ et $b = b(X_s^1)$. On pose alors

$$Z_t = \varphi_1^{-1}(X_t^1) \; (0 \leq t < \zeta_1)$$

où ζ_1 est le premier instant où la diffusion Z_t atteint la frontière ∂B_1 d'une "boule" $B_1 = \{q : |\varphi(q)| \leq 1\}$ dont l'intérieur $\overset{o}{B}_1$ contient q_o.

Etape 2 (Prolongement de la diffusion de carte en carte)

(1) Soit une seconde carte (U_2, φ_2) représentant une seconde "boule" $B_2 = \{q : |\varphi_2(q)| \leq 1\}$ chevauchant la première, càd telle que $B_1 \cap B_2 \neq \emptyset$.

Si $\zeta_1 = \infty$ ou si $\zeta_1 < \infty$ avec $Z_{\zeta_1} \in \partial(B_1 \cup B_2)$, on arrête la construction et on pose $\zeta_n = 0 (n \geq 2)$. Si $\zeta_1 < \infty$ avec au contraire $Z_{\zeta_1} \in \overset{o}{B}_2$, on construit sur la seconde carte la diffusion

$$X_t^2 = \varphi_2(Z_{\zeta_1}) + \int_0^t \sqrt{a}\, dW_s^{\zeta_1} + \int_0^t b\, ds ,$$

avec $W_t^{\zeta_1} = W_{\zeta_1 + t} - W_{\zeta_1}$. On pose alors

$$Z_t = \varphi_2^{-1}(X^2_{t-\zeta_1}) \; (\zeta_1 \leq t \leq \zeta_2)$$

où ζ_2 est le premier instant où la diffusion Z_t atteint la frontière ∂B_2. Si $\zeta_2 = \infty$ ou si $\zeta_2 < \infty$ avec $Z_{\zeta_2} \in \partial(B_1 \cup B_2)$, on arrête la construction. Si $\zeta_2 < \infty$ avec au contraire $Z_{\zeta_2} \in \overset{o}{B}_1$, on construit une troisième diffusion X_t^3 sur la première carte, etc...

(2) On construit ainsi la diffusion Z_t sur $B_1 \cup B_2$ jusqu'à l'instant $\zeta = \lim_n \uparrow \zeta_n < \infty$, le produit $Z_t 1_{\{t < \zeta\}}$ étant d'ailleurs une fonctionnelle non anticipative du processus de Wiener W. La répartition d'une telle diffusion ne dépend d'ailleurs pas des cartes choisies. Pour le voir, prenons une carte (U, φ) telle que par exemple $U \subset B_1 \cap B_2$. La diffusion construite

sur U en utilisant la carte (U_1,φ_1) sur laquelle l'opérateur elliptique est représenté par

$$G = \frac{1}{2} \Sigma a_{ij} \frac{\partial^2}{\partial x_i \partial x_j} + \Sigma b_i \frac{\partial}{\partial x_i},$$

est solution de l'équation différentielle stochastique

$$dX_t = \sqrt{a}\, dW_t + b\, dt .$$

Faisons alors le changement de carte $y = \varphi_2 \circ \varphi_1^{-1}$. D'après la formule de Ito on a donc

$$dy(X_t) = J\sqrt{a}\, dW_t + (Gy)(X_t)\, dt$$

tandis que la représentation de l'opérateur elliptique devient

$$G = \frac{1}{2} \Sigma a'_{ij} \frac{\partial^2}{\partial y_i \partial y_j} + b'_i \frac{\partial}{\partial y_i}$$

avec $\sqrt{a'} = \sqrt{Ja\, J^t} = J\sqrt{a}\, O$ où O est orthogonale et $b' = Gy$. A cet opérateur elliptique est associée l'équation différentielle stochastique

$$dX_t = \sqrt{a'}\, dW'_t + b'dt$$

$$= J\sqrt{a}\, O\, dW'_t + (Gy)(X_t)\, dt ,$$

dont la solution a même répartition que $y(X_t)$ puisque OdW'_t est un mouvement brownien.

(3) Dès que $\mathfrak{C} < \infty$, on a $\lim_{t \uparrow \mathfrak{C}} Z_t \in \partial(B_1 \cup B_2)$. En effet, si cette limite n'existait pas, il existerait un ensemble de trajectoires de probabilité non nulle qui oscilleraient indéfiniment en visitant successivement les frontières intérieure et extérieure d'une couronne $C = \{q : 2^{-1} \leq |\varphi(q)| \leq 1\}$ contenue dans $B_1 \cup B_2$ et qu'on peut supposer représentée sur une même carte (U,φ). Soit alors $\mathfrak{t}_1 < \mathfrak{t}_2 < \dots$ la suite des premiers instants en lesquels la diffusion atteint la frontière intérieure après avoir visité la frontière extérieure. Il résulte de la majoration de la Probabilité des écarts (Proposition 4.4.2), avec $R = \frac{1}{2}$, que

$$W\{\mathfrak{t}_n-\mathfrak{t}_{n-1}\leq\frac{1}{n}\mid\mathfrak{t}_{n-1}<\infty\}$$

$$\leq W\{\sup_{s\leq\mathfrak{t}_{n-1}+\frac{1}{n}}|x_s-x_{\mathfrak{t}_{n-1}}|\geq R\mid x_{\mathfrak{t}_{n-1}}\}$$

$$\leq 2d\exp\left(-\frac{R^2n}{8dA}\right)$$

dès que $t\leq R/2B$, avec A et B bornes supérieures de $|a|$ et de $|b|$ respectivement. Donc

$$\sum_{n\geq 1} W\{\mathfrak{t}_n-\mathfrak{t}_{n-1}\leq\frac{1}{n}\ ;\ \mathfrak{e}<\infty\}<\infty \quad ,$$

d'où en appliquant le premier lemme de Borel-Cantelli une contradiction, puisque d'après ce lemme on devrait avoir $\lim_n\uparrow\mathfrak{t}_n(=\mathfrak{e})=\infty$ sur $\mathfrak{e}<\infty$.

(4) On prend enfin une suite de "boules" $B_n\ (n\geq 1)$ telles que

$$B_n\cap(\bigcup_{i<n}B_i)\neq\emptyset \qquad \text{et} \quad \bigcup_{n\geq 1}B_n=M\ ,$$

et on prolonge la diffusion $Z_t\,(0\leq t\leq\mathfrak{e}_2)$ sur $B_1\cup B_2$ en une diffusion $Z_t\,(0\leq t\leq\mathfrak{e}_3)$ sur $B_1\cup B_2\cup B_3$ jusqu'au premier instant $\mathfrak{e}_3\leq\infty$ où cette diffusion atteint la frontière $\partial(B_1\cup B_2\cup B_3)$, etc... jusqu'au temps d'explosion $\mathfrak{e}=\lim\uparrow\mathfrak{e}_n\leq\infty$. Si la variété M est compacte, à partir d'un certain rang n la frontière $\partial(B_1\cup\ldots\cup B_n)$ est vide, de sorte que $\mathfrak{e}=\infty$. Si la variété M n'est pas compacte, un raisonnement analogue à celui ci-dessus montre alors que si $\mathfrak{e}<\infty$, on a nécessairement

$$\lim_{t\uparrow\mathfrak{e}} Z_t=\infty\ .$$

Etape 3 (La dérivée à droite gouverne la diffusion)

Montrons d'abord que la densité ρ (au sens du théorème de Radon-Nikodym) de la répartition de la diffusion $Z_t^{q_o,t_o}\,(t_o\leq t<\mathfrak{e})$ par rapport à la mesure $dq=\sqrt{\det a^{-1}}\,dx$ admet une version indéfiniment différentiable. Pour cela, il suffit de montrer que

$$\int_{]0,\infty)\times M}\rho(\partial_t f+Gf)\,dt\,dq=0$$

pour toute fonction continue à support compact $f :]0,\infty) \times M \longrightarrow R$ indéfiniment différentiable, et d'appliquer le lemme de H. Weyl établissant dansle même temps que cette densité ainsi modifiée est solution de l'équation "en avant"

$$- \overset{*}{R} \rho \equiv \partial_t \rho - G \rho = 0 .$$

Il suffit de prendre une fonction f dont le support compact est en tout instant entièrement représenté par une seule carte (U,φ). On a, en posant $x_o = \varphi(q_o)$ et $X_t^{x_o,t_o} = \varphi(Z_t^{q_o,t_o})$,

$$df \circ \varphi^{-1}(t,X_t) = (Rf \circ \varphi^{-1})(X_t^{x_o,t_o})dt + \langle \text{grad } f \circ \varphi^{-1}, \sqrt{a}\, dW_t \rangle$$

et comme le support de la fonction f est compact, l'espérance de l'intégrale stochastique jusqu'au premier instant $\mathfrak{t}$ où la diffusion Z_t atteint la frontière ∂U est nulle. On a donc

$$0 = E\left[f \circ \varphi^{-1}(\mathfrak{t}, X_t^{x_o,t_o}) - f \circ \varphi^{-1}(t_o,x_o)\right]$$

$$= \int_{t_o}^{\mathfrak{t}} E\left[(Rf \circ \varphi^{-1})(X_t^{x_o,t_o})\, 1_{\{t<\mathfrak{t}\}}\right] dt$$

$$= \int_{]t_o,\infty)\times M} (Rf)(t,q)\, \rho_1(t,q) dt\, dq ,$$

avec $\rho_1(t,q)dq = \text{Prob.} \{Z_t^{q_o,t_o} \in dq \; ; \; t< \mathfrak{t}_1\}$. En prolongeant la diffusion de carte en carte jusqu'au temps d'explosion $\mathfrak{e}$, on a donc aussi bien

$$0 = \int_{]t_o,\infty) \times M} (Rf)(t,q)\, \rho(t,q) dq .$$

Montrons alors pour terminer que $\rho > 0$ est la solution normalisée minimale de l'équation en avant. Si la variété M est compacte, cela est évident puisque la solution de l'équation $\partial_t u = Gu$ définie dans le domaine $[0,\infty) \times M$ est unique dès qu'on prend pour condition aux limites $\lim_{t \downarrow t_o} u(t-t_o,.) = f(.)$ où $f : M \longrightarrow R$ est une fonction continue arbitraire.
Comme

$$u(t-t_o,q_o) = E\left[f(Z_t^{q_o,t_o})\right] = \int_M f(q)\, \rho(t,q) dq ,$$

cette densité ρ est alors nécessairement unique. Si par contre la variété

M n'est pas compacte, posant

$$u(t-t_o,q_o) = E\left[f(Z_t^{q_o,t_o})\ 1_{\{t<\zeta\}}\right],$$

alors $u : [0,\infty) \times M \longrightarrow R$ est l'unique solution de l'équation $\partial_t u = Gu$ avec comme conditions aux limites $\lim_{t\downarrow t_o} u(t-t_o,.) = f(.)$ et $u(.,q) = 0$ lorsque $q\in\partial K$, où K est un ensemble compact de la variété et ζ le premier instant où la diffusion $Z_t^{q_o,t_o}$ atteint la frontière ∂K. Pour toute autre solution normalisée $\sigma\geq 0$ de l'équation "en avant", on établit alors comme dans R^d en reprenant la construction de Z_t $(\equiv Z_t^{q_o,t_o})$ ci-dessus

$$\begin{aligned}
&\int\rho(t,q)\ f(q)\,dq \\
&= E\left[f(Z_t)\ 1_{\{t<\zeta\}}\right] \\
&= \lim_{n\uparrow\infty}\ E\left[f(Z_t)\ 1_{\{t<\zeta_n\}}\right] \\
&= \lim_{n\uparrow\infty}\ u(t-t_o,q_o) \leq \int\sigma(t,q)\ f(q)\ dq\ ,
\end{aligned}$$

où ζ_n désigne comme ci-dessus le premier instant où la diffusion $Z_t (0\leq t\leq\zeta)$ atteint la frontière $\partial(B_1\cup\ldots\cup B_n)$. Puisque $M = \bigcup_{n\geq 1} B_n$, on a alors effectivement $\rho\leq\sigma$, ce qui achève la démonstration.

La précédente Proposition 4.3.3 (Diffusion sur une variété) est valable en particulier dans le cas où la variété est la sphère(compacte) S^2 et l'opérateur elliptique le laplacien sphérique

$$\Delta = \frac{\partial^2}{\partial\theta 2} + \frac{1}{\sin^2\theta}\ \frac{\partial^2}{\partial\varphi^2} + \text{cotg}\,\theta\frac{\partial}{\partial\theta}\ .$$

La diffusion $Z_t^{q_o,o}$ $(t\geq 0)$ ainsi définie est le mouvement brownien $W_t^{q_o}(t\geq 0)$ sur la sphère partant de $q_o\in S^2$ à l'instant $t = 0$. Deux mouvements browniens sphériques issus de deux points distincts $q_1 \neq q_2\in S^2$ sont identiques à une rotation près de la sphère, de même que deux mouvements browniens plans issus de deux points distincts $x_1 \neq x_2\in R^2$ sont identiques à une translation près du plan. En particulier, on observera que malgré la présence du terme en $\frac{\partial}{\partial\theta}$ figurant dans l'expression ci-dessus du laplacien sphérique, la vitesse "en avant"

$$v_+(q) = \lim_{h\downarrow 0} E\left[\frac{W^{q_o}_{t+h} - W^{q_o}_t}{h} \,\middle|\, W^{q_o}_t = q\right]$$

est nulle sur la sphère (il en résulte quele mouvement brownien sphérique présente des fronts d'onde), quoiqu'il n'en soit pas nécessairement de même sur la carte par suite d'une déformation .

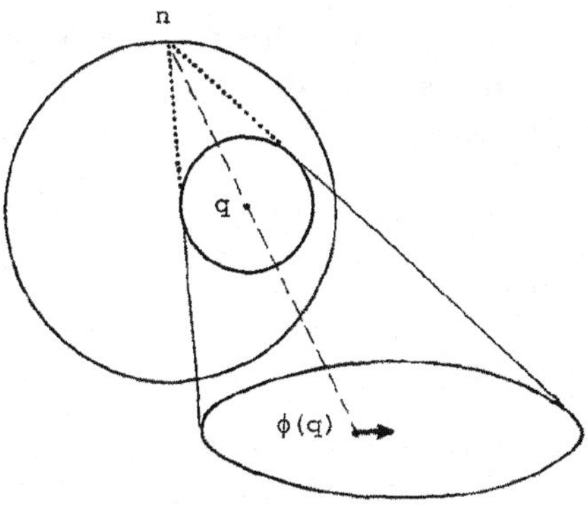

4.4. LA MARTINGALE EXPONENTIELLE

Ce paragraphe constitue une extension des propriétés de la martingale exponentielle associée au processus de Wiener $W_t (t\geq 0)$, lequel est ici remplacé plus généralement par une diffusion $X_t (t\geq 0)$ à valeurs dans R^d et d'élément différentiel

$$dX_t = \sqrt{a}\, dW_t + b dt \ ,$$

les coefficients a et b étant bornés, de sorte qu'en particulier le temps d'explosion $\mathfrak{e}$ est infini. Si a et b n'étaient pas bornés on pourrait avoir $\mathfrak{e} < \infty$, la perte de probabilité due à l'extinction de la diffusion à la frontière de R^d entraînant alors que l'exponentielle, son espérance décroissant avec le temps, serait seulement une sur-martingale

Voici d'abord l'extension de la Proposition 2.4.1 :

Proposition 4.4.1 (Martingale exponentielle d'une diffusion) Soit la diffusion $X_t (t \geq 0)$ solution de l'équation intégrale

$$X_t = X_o + \int_0^t \sqrt{a}\, dW_s + \int_0^t b\, ds$$

avec $\sqrt{a} = \sqrt{a}(X_s)$, $b = b(X_s)$, la matrice symétrique positive des coefficients de diffusion $a : R^d \otimes R^d$ et la vitesse à droite $b : R^d \longrightarrow R^d$ étant bornées, càd telles que respectivement

(1) $0 < \langle\theta, a\,\theta\rangle \leq A|\theta|^2$ pour tout $\theta \in R^d$

(2) $|b| \leq B$.

Alors la fonctionnelle non anticipative

$$M_t = \exp\left[\int_0^t \langle b, \sqrt{a}\, dW_s\rangle - \frac{1}{2}\int_0^t \langle b, ab\rangle\, ds\right]$$

est une martingale adaptée à $\mathcal{O}\!\iota_t = \sigma(W_s ; s \leq t)$. Inversement, si le processus $X_t (t \geq 0)$ p.s. à trajectoires continues est tel que pour tout $\theta \in R^d$ la fonctionnelle non anticipative

$$M_t = \exp\left[\langle\theta, X_t - X_o - \int_0^t b\, ds\rangle - \frac{1}{2}\int_0^t \langle \theta, a\theta\rangle ds\right] ,$$

avec $a = a(X_s)$, $b = b(X_s)$, la matrice symétrique positive a et le vecteur b étant bornés de sorte que $(0 < A' \leq A < \infty)$

(1) $A'|\theta|^2 \leq \langle\theta, a\theta\rangle \leq A|\theta|^2$ pour tout $\theta \in R^d$

(2) $|b| \leq B$,

est une martingale adaptée à $\mathcal{B}_t = \sigma(X_s ; s \leq t)$, alors il existe un mouvement brownien $B_t (t \geq 0)$ tel que

$$X_t = X_o + \int_0^t \sqrt{a}\, dB_s + \int_0^t b\, ds\ .$$

Démonstration : Appliquant la formule de Ito on obtient

$$dM_t = M_t\left[<b,\sqrt{a}\, dW_t> - \frac{1}{2}<b,ab>dt\right]$$

$$+ \frac{1}{2} M_t <b,\ \sqrt{a}\, dW_t>^2$$

$$= M_t <b,\ \sqrt{a}\, dW_t>\ ,$$

d'où par intégration

$$M_t - 1 = \int_0^t M_s <b,\ \sqrt{a}\, dW_s>\ ,$$

l'intégrale stochastique au second membre ayant une espérance nulle puisque, a et b étant bornées, on a

$$E\left[\int_0^t M_s^2 <b,ab>ds\right] < \text{const. } E\left[\int_0^t M_s^2\, ds\right]$$

$$< \text{const. } \int_0^t \exp\left[2E(\int_0^s <b,\ \sqrt{a}\, dW>)\right]$$

$$= \text{const. } t\ ,$$

la dernière inégalité venant de la convexité de la fonction exponentielle. On a donc aussi bien lorsque $s<t$

$$E\left[M_t - 1|\mathcal{O}_s\right] = M_s - 1 \quad \text{càd} \quad E\left[M_t|\mathcal{O}_s\right] = M_s\ .$$

La réciproque (qui ne sera pas utilisée) s'établit immédiatement en observant que la racine symétrique positive $\sqrt{a}$ étant bornée inférieurement par $A'>0$, la fonctionnelle non anticipative

$$\exp\left[<\theta,(\sqrt{a})^{-1}(X_t - X_o - \int_0^t b\, ds) - \frac{1}{2}|\theta|^2 t\right]$$

obtenue en remplaçant dans M_t le vecteur θ par $(\sqrt{a})^{-1}\theta$, est une martingale, ce qui caractérise le mouvement brownien (Proposition 2.4.1).

Voici maintenant une majoration en $\exp(-|x|^2/t)$ utilisée pour s'assurer d'une équi-intégrabilité, ou de l'impossibilité en un temps fini d'une infinité d'oscillations à distance finie d'une diffusion :

Proposition 4.4.2 (Majoration de la probabilité des écarts d'une diffusion) Soit la diffusion $X_t (t\geq 0)$ dans R^d solution de l'équation différentielle stochastique

$$dX_t = \sqrt{a}\, dW_t + b\, dt$$

avec $X_o = x_o$, $\sqrt{a} = \sqrt{a}(X_t)$ et $b = b(X_t)$, la matrice symétrique positive des coefficients de diffusion a et la vitesse à droite b étant respectivement bornées par les constantes A et B finies, càd telles que

(1) $0 \leq \langle\theta, a\theta\rangle \leq A|\theta|^2$ pour tout $\theta \in R^d$

(2) $|b| \leq B$.

Alors dès que $t \leq R/2B$ on a la majoration de la probabilité des écarts de la diffusion

$$W \{\sup_{s\leq t} |X_s - X_o| \geq R\} \leq 2d \exp\left(- \frac{R^2}{8d\, At}\right).$$

Démonstration : On observe d'abord que pour tout $\theta \in R^d$ la fonctionnelle non anticipative p.s. à trajectoires continues

$$M_t = \exp\left[\langle\theta, \int_0^t \sqrt{a}\, dW_s\rangle - \frac{1}{2} \int_0^t \langle\theta, a\theta\rangle ds\right]$$

est une martingale adaptée à $\mathcal{O}\!\!\iota_t = \sigma(W_s ; s\leq t)$, de sorte que (voir ci-dessous) on a la majoration

$$W \{\sup_{s\leq t} |\int_0^s \sqrt{a}\, dW_s| \geq R\} \leq 2d \exp\left(- \frac{R^2}{2d\, At}\right).$$

Puisqu'on a $|\int_0^t bds| \leq R/2$ dès que $t \leq R/2B$, si de plus on a

$$R \leq |\int_0^s \sqrt{a}\, dW_s + \int_0^s bds| \quad (\leq |\int_0^s \sqrt{a}\, dW_s| + |\int_0^s bds|) ,$$

alors on a dans le même temps

$$|\int_0^s \sqrt{a}\, dW_s| \geq \frac{R}{2}$$

Il suffit donc d'appliquer la majoration ci-dessus que nous allons maintenant établir. Pour cela, on s'appuie sur le fait que l'exponentielle

$$M_t = \exp\left[\int_0^t <\theta, \sqrt{a}\, dW_s> - \frac{1}{2}\int_0^t <\theta\ , a\theta>\, ds\right]$$

est pour tout $\theta \in R^d$ une martingale. On a d'abord

$$W\{\sup_{s\leq t} < \frac{\theta}{|\theta|}\ , \int_a^s \sqrt{a}\, dW_s> \geq R\}$$

$$\leq W\{\sup_{s\leq t} M_s \geq \exp(|\theta|R - \frac{1}{2}|\theta|^2 At)\},$$

d'où par l'inégalité de martingale (les trajectoires en étant p.s. continues)

$$\leq \exp(-|\theta|R + \frac{1}{2}|\theta|^2 At)\ E(M_t)\ ,$$

avec d'ailleurs $E(M_t) = 1$. Prenant alors $\hat{\theta} = \frac{\theta}{|\theta|}$ et $|\theta| = R/At$, on a

$$W\{\sup_{s\leq t} <\hat{\theta}\ , \int_0^s \sqrt{a}\, dW_s> \geq R\}$$

$$\leq \exp\left(-\frac{R^2}{2d\, At}\right)$$

Le vecteur $\hat{\theta} \in R^d$ étant unitaire, à ceci près quelconque, on en déduit aussitôt la majoration annoncée, car si on a $|\int_0^s \sqrt{a}\, dW| \geq R$, alors quelle que soit la base orthonormée $(\theta_1, \ldots, \theta_d)$ de R^d il existe une direction $\pm\,\theta_i$ pour laquelle $<\pm\theta_i, \int_0^s \sqrt{a}\, dW> \geq R/\sqrt{d}$.

5 LE MOUVEMENT BROWNIEN RELATIVISTE

La définition du mouvement brownien relativiste repose sur l'existence des deux formes différentielles exactes ω_1 et ω_2 associées respectivement à la variation d'entropie et d'énergie libre de la diffusion, l'exactitude de ces formes étant liée à la constitution des fronts d'onde. Les diffusions stationnaires stables les moins perturbées dans l'espace de Minkowski sont alors gouvernées par une fonction d'onde $\psi = \exp(R+iS)$, où $\omega_1 = d\hbar R$ et $\omega_2 = d\hbar S$, solution de l'équation de Klein-Gordon.

5.1. LA FORME DIFFERENTIELLE ω_1

A chacune des diffusions construites dans le chapitre précédent est associée une forme différentielle fermée ω_1 que nous allons maintenant définir, en commençant par le cas particulier du processus de Wiener. La définition de cette forme ω_1 est fondée sur le retournement et la continuité des diffusions.

Proposition 5.1.1 (Retournement du processus de Wiener) La répartition à l'instant s $(0<s<t)$ des trajectoires du processus de Wiener qui à l'instant t sont en x est donnée par la probabilité conditionnelle

$$P\{W_s \in dy \mid W_t = x\} = \frac{1}{\sqrt{2\pi s t^{-1}(t-s)}} \exp\left[-\frac{(y-st^{-1}x)^2}{2st^{-1}(t-s)}\right] dy .$$

On a en particulier (vitesse et coefficient de diffusion à gauche)

$$\lim_{s\uparrow t} E\left[\frac{W_t - W_s}{t-s} \Big| W_t = x\right] = \frac{x}{t} , \qquad \lim_{s\uparrow t} E\left[\frac{(W_t-W_s)^2}{t-s} \Big| W_t = x\right] = 1 ,$$

Le processus Y_r $(0\leq r<t)$ retourné du processus de Wiener à partir

de l'instant t en lequel il est en x, à savoir le processus $(s+r = t)$

$$Y_r = W_s \quad \text{avec} \quad X_o = x$$

est un processus de Markov p.s. à trajectoires continues solution de l'équation différentielle stochastique

$$dY_r = dB_r + \frac{Y_r}{t-r}\, dr$$

où B_r $(0 \leq r < t)$ est un mouvement brownien.

<u>Démonstration</u> : La répartition de $W_s (s<t)$ sous la condition que $W_t = x$ se déduit de la relation

$$P\{W_s \in dy ; W_t \in dx\} = \frac{1}{\sqrt{2\pi s}} \exp\left[-\frac{y^2}{2s}\right] dy \cdot \frac{1}{\sqrt{2\pi(t-s)}} \exp\left[-\frac{(x-y)^2}{2(t-s)}\right] dx$$

dont on divise les deux membres par

$$P\{W_t \in dx\{ = \frac{1}{\sqrt{2\pi t}} \exp\left[-\frac{x^2}{2t}\right] dx .$$

Ainsi la répartition de $W_s (s<t)$ sous la condition que $W_t = x$, ou équivalemment la répartition de Y_r, est gaussienne avec

$$E\left[W_s | W_t = x\right] = s\, t^{-1} x , \quad E\left[(W_s - st^{-1}x)^2 | W_t = x\right] = st^{-1}(t-s) ,$$

càd de moyenne st^{-1} et de variance $st^{-1}(t-s)$. On en déduit aussitôt les limites annoncées donnant la vitesse et le coefficient de diffusion à gauche du processus de Wiener. Le fait que les coefficients de diffusion à droite et à gauche soient égaux résulte d'ailleurs directement du théorème de Lévy.

D'autre part, le processus retourné $Y_r (0 \leq r < t)$ est p.s. à trajectoires continues puisqu'il en est déjà ainsi du processus de Wiener, et il est de plus markovien puisqu'on a par exemple $(u<t)$

$$P\{W_s \in dy | W_u \in dz ; W_t \in dx\}$$

$$= \frac{P\{W_s \in dy; W_u \in dz; W_t \in dx\}}{P\{W_u \in dz; W_t \in dz\}}$$

$$= P\{W_s \in dy \mid W_u \in dz\}.$$

Le fait que ce processus retourné soit solution de l'équation différentielle stochastique ci-dessus résulte alors de ce que le processus p.s. à trajectoires continues

$$B_r = Y_r - Y_o - \int_0^r b(u, Y_u)\,du ,$$

avec $b(u,X_u) = \frac{Y_u}{t-u}$, est un mouvement brownien (Appendice 2), ce qui achève la démonstration.

On appelle pont brownien un processus $W_s (0 \leq s \leq 1)$ à trajectoires continues dont la répartition est telle que

$$P\{W_s \in dy\} = \frac{1}{\sqrt{2\pi s(1-s)}} \exp\left[-\frac{y^2}{2s(1-s)}\right] dy$$

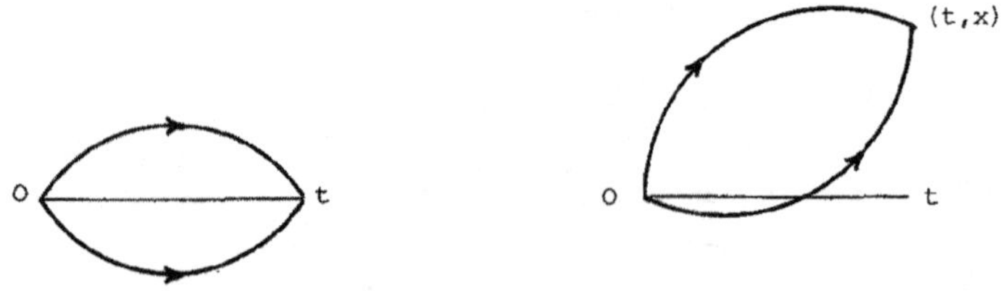

Le retourné d'un pont brownien est un pont brownien.

On observera que les trajectoires du processus de Wiener qui à l'instant t sont en x constituent entre les instants 0 et t un pont brownien entre 0 et x, et qu'il en est de même du processus retourné.

Puisque $a \equiv 1$ et $b(r,y) = y/t-r$ sont (indéfiniment) différentiables lorsque $0<r<t$, le processus retourné du processus de Wiener à partir de

l'instant t en lequel il est en x est une diffusion que l'on peut construire comme il est indiqué dans la Proposition 4.2.1. En particulier, une telle diffusion possède une dérivée à droite (Proposition 4.2.3) que l'on appellera la dérivée à gauche du processus de Wiener. Plus précisément, pour toute fonction (indéfiniment) différentiable à support compact $f :]0,\infty) \times R \to R$, la limite suivante existe et définit la dérivée à gauche L du processus de Wiener $W_t (t \geq 0)$ en $W_t = x$

$$(Lf)(x) = \lim_{h \downarrow 0} E\left[\frac{f(W_t)-f(W_{t-h})}{h} \Big| W_t = x\right] = (f'_t + v_- f'_x - \nu f''_{xx})(x)$$

avec

$$\lim_{h \downarrow 0} E\left[\frac{W_t - W_{t-h}}{h} \Big| W_t = x\right] = v_-(x) = \frac{x}{t} \quad \text{et}$$

$$\lim_{h \downarrow 0} E\left[\frac{(W_t - W_{t-h})^2}{h} \Big| W_t = x\right] = 2\nu(x) = 1 .$$

Naturellement, ce qui précède s'adapte immédiatement au cas du processus de Wiener à valeurs dans $R^d (d \geq 1)$. Il suffit de remplacer dans la définition par exemple de la dérivée à gauche $v_- f'_x$ et $\nu f''_{xx}$ respectivement par $\langle v_-, \nabla f\rangle$ et $\nu \Delta f$ où $\langle\ ,\ \rangle$ désigne le produit scalaire dans R^d, où $\nabla f = \text{grad } f$ désigne le gradient de f et où $\Delta = \text{div grad}$ désigne le laplacien.

Montrons alors que les dérivées à droite et à gauche sont, au signe près, des opérateurs adjoints l'un de l'autre, la définition de la forme différentielle ω_1 associée au processus de Wiener en résultant alors immédiatement :

Proposition 5.12 (Continuité du processus de Wiener) Les dérivées à droite et à gauche R et L du processus de Wiener à valeurs dans $R^d (d \geq 1)$ sont, au signe près, des opérateurs adjoints l'un de l'autre relativement à la mesure $\rho dx\, dt$, en d'autres termes quelles que soient les fonctions (indéfiniment) différentiables à support compact $f,g :]0,\infty) \times R^d \to R$ on a la relation

$$\int [f(Lg) + (Rf)g]\, \rho dx\, dt = 0 ,$$

où $\rho :]0,\infty) \times R^d \to R$ désigne la densité de la répartition du processus de Wiener au temps t telle que

$$\rho(t,x)dx = \frac{1}{(2\pi t)^{d/2}} \exp\left[-\frac{|x|^2}{2t}\right]dx$$

avec $dx = dx_1 \ldots dx_d$. Il en résulte que les coefficients de diffusion à droite et à gauche sont égaux (à 1/2) et que

$$\frac{v_+ - v_-}{2} = \frac{1}{\rho}\,\text{grad}\,(\rho\nu) \qquad \text{avec } v_+ = 0 \text{ et } \nu = 1/2\ .$$

Il en résulte aussi, L^+ et R^+ désignant respectivement les adjoints de L et R relativement à la mesure $dx\,dt$, les équations de Fokker-Planck

$$L^+\rho = \partial_t\rho + \text{div}\,(\rho\, v_-) + \Delta(\rho\nu) = 0 \qquad -R^+\rho = \partial_t\rho + \text{div}(\rho\, v_+) - \Delta(\rho\nu) = 0\ ,$$

avec $v_+ = 0$ et $\nu = 1/2$, d'où l'on déduit, en posant $v = 2^{-1}(v_+ + v_-)$, l'équation de continuité

$$\partial_t\rho + \text{div}(\rho v) = 0\ .$$

<u>Démonstration</u> : Soit $t_j = a + j\,[(b-a)/n] = a + j\varepsilon$ $(0 \leq j \leq n)$ une partition de l'intervalle temporel $[a,b]$ avec $0<a<b<\infty$. Chaque terme du membre de droite de la relation élémentaire

$$E[f(W_b)g(W_{t_{n-1}}) - f(W_{t_1})g(W_a)]$$
$$= \varepsilon \sum_{j=1}^{n-1} E\left[\frac{f(W_{t_{j+1}}) - f(W_{t_j})}{\varepsilon} \quad \frac{g(W_{t_j}) + g(W_{t_{j+1}})}{2}\right]$$
$$+ \varepsilon \sum_{j=1}^{n-1} E\left[\frac{f(W_{t_{j+1}}) + f(W_{t_j})}{2} \quad \frac{g(W_{t_j}) - g(W_{t_{j-1}})}{\varepsilon}\right]$$

est conditionné par rapport à $\mathcal{P}_{t_j}$ ou $\mathcal{F}_{t_j}$, où $\mathcal{P}_t = \sigma(W_s; s \leq t)$ et $\mathcal{F}_t = \sigma(W_s; s \geq t)$ désignent les σ-algèbres passé et futur constituées des événements engendrés par le processus de Wiener respectivement avant et après l'instant t.

Par exemple, chacun des termes de la première ligne est conditionné par rapport à $\mathcal{P}_{t_j}$, de sorte que

$$\lim_{\varepsilon \downarrow 0} E\left[\frac{g(W_{t_j})+g(W_{t_{j+1}})}{2} \quad E\left[\frac{f(W_{t_{j+1}})-f(W_{t_j})}{\varepsilon} \mid \mathcal{P}_{t_j}\right]\right]$$

$$= E\left[g(W_{t_j})(Rf)(W_{t_j})\right] ,$$

le reste entre chacun de ces termes et sa limite en $W_{t_j} = x$ étant (cf. la démonstration de la Proposition 4.1.3 : Dérivée à droite de la diffusion) majoré par

$$\text{const.} \int_0^1 E\left[|W^{x,t_j}_{t_j+\theta\varepsilon} - x|\right] d\theta \leq \text{const.} \sqrt{\varepsilon} ,$$

puisque l'espérance est majorée elle-même par la racine carrée de la variance $E\left[|X^{x,t_j}_{t_j+\varepsilon} - x|^2\right] = \varepsilon$, la constante ne dépendant d'ailleurs que des fonctions f et g .

Semblablement, chacun des termes de la seconde ligne est conditionné par rapport à $\mathcal{F}_{t_j}$, de sorte que

$$\lim_{\varepsilon \downarrow 0} E\left[\frac{f(W_{t_{j+1}})+f(W_{t_j})}{2} \quad E\left[\frac{g(W_{t_j})-g(W_{t_{j-1}})}{} \mid \mathcal{F}_{t_j}\right]\right]$$

$$= E\left[f(W_{t_j})(Lg)(W_{t_j})\right] ,$$

le reste entre chacun de ces termes et sa limite en $W_{t_j} = x$ étant majoré par

$$\text{const.} \int_0^1 E\left[|Y^{x,t_j}_{t_j+\theta\varepsilon} - x|\right] d\theta \leq \text{const.} \sqrt{\varepsilon},$$

où $Y^{x,t}_r (r \geq t)$ est le retourné du processus de Wiener issu de x à l'instant t , la constante ne dépendant que des fonctions f et g ainsi que de leurs supports compacts, et l'espérance étant majorée par la racine carrée du moment d'ordre 2 , à savoir $E\left[|Y^{x,t}_{t+h}-x|^2\right]$, dont l'expression est donnée dans l'Appendice 2.

Ainsi lorsque $\varepsilon\downarrow 0$ (i.e. lorsque $n\uparrow\infty$), on obtient

$$E\left[f(W_b)\, g(W_b)-f(W_a)\, g(W_a)\right]$$

$$= \int_a^b E\left[(f(Lg)+(Rf)g)(W_t)\right] dt ,$$

d'où l'on déduit, lorsque $b-a\downarrow 0$, que

$$\frac{d}{dt} E\left[f(W_t)f(W_t)\right] = E\left[(f(Lg)+(Rf)g)(W_t)\right].$$

En intégrant les deux membres de cette dernière relation sur toute la droite réelle (relativement à la mesure dt), et compte tenu du fait que les fonctions f et g sont à support compact, nous obtenons bien la première relation annoncée.

Ainsi, on a d'une part

$$Lg = \partial_t g + \langle v_-, \nabla g\rangle - \nu^+\Delta g ,$$

et d'autre part, L et $-R$ étant adjoints l'un de d'autre par rapport à la mesure dx dt et l'adjoint R^+ de R par rapport à la mesure dx dt se calculant directement, ce qui donne

$$R^+(\rho g) = -\partial_t(\rho g)- \langle v_+,\nabla(\rho g)\rangle - \rho g \operatorname{div} v_+ + \Delta(\nu\rho g) ,$$

on a encore, compte tenu de la seconde équation de Fokker-Planck,

$$Lg = -\rho^{-1} R^+(\rho g)$$

$$= \partial_t g + \langle v_+,\nabla g\rangle -2\rho^{-1}\langle\nabla(\rho\nu),\nabla g\rangle - \nu\Delta g .$$

Comme la fonction g est arbitraire, on a alors par identification, outre l'égalité déjà établie $\nu^+ = \nu$ des coefficients de diffusion à droite et à gauche ,la seconde relation annoncée, avec $v_+ = 0$ et $\nu = 1/2$,

$$v_- = v_+ - 2\rho^{-1} \operatorname{grad} (\rho\nu) .$$

Les équations de Fokker-Planck, compte tenu des expressions connues de ρ, ν, v_+ et v_- , peuvent se vérifier directement. Mais on peut aussi bien observer que la relation exprimant que L et $-R$ sont adjoints l'un de l'autre par rapport à la mesure $\rho dx\, dt$ s'écrit aussi bien sous les deux formes

$$\int f[\rho Lg + R^+(\rho g)]\, dx\, dt = 0 \quad \text{et} \quad \int f[\rho Rg + L^+(\rho g)]dx\, dt = 0$$

qui se réduisent, lorsque la fonction g est égale à 1 sur le support de f , respectivement à

$$\int f\, R^+\rho\, dx\, dt = 0 \qquad \text{et} \qquad \int f\, L^+\rho\, dx\, dt = 0 .$$

Comme la fonction f est arbitraire, on en déduit donc bien que $R^+\rho = 0$ et $L^+\rho = 0$.

De la relation $2^{-1}(v_+-v_-) = \nu \operatorname{grad} (\log \rho\nu)$ que nous venons d'établir, on déduit aussitôt, en posant $\partial v = 2^{-1}(v_+-v_-)$, que la forme différentielle $\langle\nu^{-1}\, \partial v, dx\rangle = d(\log \rho\nu)$ est exacte pour tout instant t fixé. Cette forme se prolonge aussitôt de l'espace $R^d (d\geq 1)$ à l'espace-temps $R^d\times]0,\infty)$ en la forme différentielle exacte

$$\omega_1 = \langle\nu^{-1}\, \partial v, dx\rangle + \frac{x^2-d.t}{2t^2}\, dt = d(\log \rho\nu)$$

associée à la continuité du processus de Wiener.

Ce qui précède s'étend d'abord au cas du processus $W_t + bt$ résultante du processus de Wiener et d'un mouvement rectiligne uniforme de vitesse constante b , puis au cas d'un processus $X_t (t\geq 0)$ solution de l'équation différentielle stochastique

$$dX_t = dW_t + bdt$$

avec $b = b(X_t)$ où $b : R^d \to R^d$ est une fonction (indéfiniment) différentiable bornée, la dérivée à gauche apparaissant dans tous les cas (voir la fin de la démonstration qui suit) indépendante de b .

On peut dès lors montrer simplement le résultat suivant :

Proposition 5.1.3 (Continuité d'une diffusion isotrope) Soit $Z_t (t \geq 0)$ une diffusion isotrope sur une variété riemannienne M gouvernée par l'opérateur elliptique

$$G = \nu\Delta + v_+$$

où Δ désigne le laplacien, et où le coefficient de diffusion $\nu/2$ $(0<\nu<\infty)$ et la vitesse à droite v_+ sont (indéfiniment) différentiables.

Alors quelle que soit la probabilité de répartition de la condition initiale Z_o, les dérivées à droite et à gauche R et L de cette diffusion sont, au signe près, des opérateurs adjoints l'un de l'autre relativement à la mesure $\rho dq\, dt$, en d'autres termes quelles que soient les fonctions (indéfiniment) différentiables à support compact $f,g :]0,\infty) \to R$, on a la relation

$$\int [f(Lg)+(Rf)g]\ \rho dq\, dt = 0 ,$$

où $\rho :]0,\infty) \times M \to R$ désigne la densité de répartition de la diffusion à l'instant t telle que

$$\rho(t,q)\ dq = P\{Z_t \in dq\}$$

où dq désigne la mesure riemannienne sur la variété M. Il en résulte que les coefficients de diffusion à droite et à gauche sont égaux (à $\nu/2$) et que (v_- désignant la vitesse à gauche)

$$\frac{v_+ - v_-}{2} = \frac{1}{\rho} \operatorname{grad} (\rho\nu) .$$

Il en résulte aussi, L^+ et R^+ désignant respectivement les adjoints de L et R relativement à la mesure $dq\, dt$, les équations de Fokker-Planck

$$L^+\rho = \partial_t\rho + \operatorname{div}(\rho v_-) + \Delta(\nu\rho) = 0 , \quad -R^+\rho = \partial_t\rho + \operatorname{div}(\rho v_+) - \Delta(\nu\rho) = 0 ,$$

d'où l'on déduit, en posant $v = 2^{-1}(v_+ + v_-)$, l'équation de continuité

$$\partial_t\rho + \operatorname{div}(\rho v) = 0$$

Démonstration : Nous supposerons simplement que $M = R^d$ $(d \geq 1)$, auquel cas la mesure riemannienne dq n'est autre que la mesure de Lebesgue, et que de plus $Z_o = q_o (= 0)$, le cas d'une répartition initiale quelconque s'en déduisant immédiatement.

Etape 1 (Dérivées à droite et à gauche)

La diffusion $Z_t (t \geq 0)$ est solution de l'équation différentielle stochastique

$$dZ_t = \sqrt{a}\, dW_t + v_+ \, dt$$

avec $\nu = a/2$ $(=D)$, $\sqrt{a} = \sqrt{a}(Z_t)$ et $v_+ = v_+(Z_t)$. Raisonnant par l'absurde en considérant des images de Z_t par une application (indéfiniment) différentiable $\phi : R^d \longrightarrow R$ arbitraire, il suffit de se restreindre au cas où $d=1$. Posant par conséquent

$$\phi(x) = \int_0^x \sqrt{a}\, dx$$

où $\sqrt{a} = \sqrt{a}(x)$, il résulte de la formule de Ito que la diffusion Z_t est l'image par l'application (indéfiniment) différentiable $\phi : R \longrightarrow R$ de la diffusion

$$X_t = W_t + \int_0^t b(X_s) ds$$

$$= W_t + \int_0^t \left(\frac{v_+}{\sqrt{a}} - \frac{1}{4}\frac{a'}{\sqrt{a}}\right)(X_s) ds \; .$$

Afin de nous ramener au cas précédent, nous allons d'abord supposer que la vitesse à droite $b(= v_+)$ est bornée, et que de plus il existe des constantes A et A' telles que $0<A' \leq a \leq A<\infty$. Pour toute fonction (indéfiniment) différentiable $f :]0,\infty] \times M \longrightarrow R$ à support compact, la fonction composée $f(\phi)$ est ainsi à support compact et on a donc (avec $q = \phi(x)$, où ϕ est donc définie comme ci-dessus, mais pourrait être aussi bien une application indéfiniment différentiable $\phi : R^d \longrightarrow R$ arbitraire)

$$\lim_{h \downarrow 0} E\left[\frac{f(Z_{t+h}) - f(Z_t)}{h} \,\middle|\, Z_t = q\right]$$

$$= \lim_{h\downarrow 0} E\left[\frac{f(\phi(X_{t+h}))-f(\phi(X_t))}{h} \middle| X_t = x\right]$$

$$= \left[\partial_t f(\phi)+<v_+,\nabla f(\phi)>+\frac{1}{2}\Delta f(\phi)\right](x)$$

$$= (\partial_t f+<b,\nabla f>+\nu\Delta f)(q)$$

$$= (Rf)(q)$$

Semblablement, on a

$$\lim_{h\downarrow 0} E\left[\frac{f(Z_t)-f(Z_{t-h})}{h} \middle| Z_t = q\right]$$

$$= \lim_{h\downarrow 0} E\left[\frac{f(\phi(X_t))-f(\phi(X_{t-h}))}{h} \middle| X_t = x\right]$$

$$= \left[\partial_t f(\phi)+<v_-,\nabla f(\phi)> - \frac{1}{2}\Delta f(\phi)\right](x)$$

$$= (\partial_t f+<b_-,\nabla f>-\nu\Delta f)(q)$$

$$= (Lf)(q)$$

Etape 2 (L et $-R$ sont des opérateurs adjoints)

Reprenons d'abord les hypothèses de l'étape précédente. On a dans ces conditions

$$\int\left[f(Lg)+(Rf)g\right]\rho\, dq\, dt$$

$$= \int E\left[(f(Lg)+(Rf)g)(Z_t)\right] dt$$

$$= \int E\left[(f(Lg)+(Rf)g)(\phi(X_t))\right] dt = 0$$

Passons maintenant au cas général, et pour cela soit $B_n (n\geq 1)$ une suite monotone croissante de boules compactes contenant $Z_o = q_o$, contenant les supports de f et g, et telle que $\bigcup_{n\geq 1} B_n$ $(= \lim\uparrow B_n) = M$. Pour tout entier $n\geq 1$ fixé, on prolonge les fonctions a et v_+ sur le complémentaire de la boule B_n de sorte que ces fonctions prolongées satisfassent aux hypothèses de l'étape précédente, et on désigne par $z_t^n (t \geq 0)$ la diffusion correspondante arrêtée au premier instant $\tau_n (<\infty)$ où elle atteint la frontière ∂B_n . On a donc

$$\int [f(Lg)+(Rf)g]\rho_n \, dq \, dt = 0$$

avec $\rho_n(t,q) \, dq = P \{z_t^n \in dq\}$, la suite $\rho_n (n \geq 1)$ étant monotone croissante et telle que $\lim \uparrow \rho_n = \rho$. Observons maintenant que $f, g,$ et Rf ne dépendent pas de l'entier n . S'il en était de même de Lg , on obtiendrait donc la relation générale cherchée en scindant l'expression intégrée

$$[f(Lg)+(Rf)g] = [\ ]^+ - [\ ]^-$$

en la différence de sa partie positive et de sa partie négative, et en appliquant à chacune de ces parties le théorème de Beppo Levi, la limite étant nécessairement finie puisque les supports de f et g sont compacts, ce qui exclue la possibilité de la forme indéterminée $\infty - \infty$. Or la dérivée à gauche Lg est en fait indépendante de n , car la vitesse à gauche $v_- = v_-(q,t)$ et le coefficient de diffusion à gauche ν sont indépendants de n en tout point $q \in \bigcap_{n \geq 1} B_n = B_1$ support de g . En effet, les ponts browniens (tronqués), constitués des trajectoires de la diffusion Z_t et de sa diffusion retournée Y_r à partir de l'instant t en lequel $Z_t = q$, joignant les points $Z_o = 0$, $Z_t = q$, sans atteindre la frontière ∂B_n , sont identiques, ce qui (puisqu'ils ont même répartition que les ponts browniens markoviens arrêtés au premier instant où ils atteignent ∂B_n) achève la démonstration.

Nous pouvons donc maintenant poser la définition générale suivante, exprimant que la variation locale de l'entropie d'une diffusion isotrope est une forme différentielle exacte :

<u>Définition</u> 5.1.1 (Forme différentielle ω_1) Sous les conditions de la précédente Proposition 5.1.3, la forme différentielle sur la variété M

$$\langle \nu^{-1} \, \partial v, dq \rangle = d(\log \rho\nu) ,$$

avec $\partial v = 2^{-1}(v_+ - v_-)$, est exacte pour tout instant t fixé. Cette forme se prolonge immédiatement de l'espace M à l'espace-temps $M \times]0,\infty)$ en la forme différentielle exacte

$$\omega_1 = \langle \nu^{-1}\ \partial v, dq \rangle - E_{osm}\ dt = d(\log \rho\nu)$$

avec "l'énergie osmotique" $E_{osm} = -\partial_t(\log \rho\nu)$.

Terminons par deux remarques :

La démonstration donnée ci-dessus du fait que les dérivées à droite et à gauche sont, au signe près, adjointes l'une de l'autre et celle des équations de Fokker-Planck qui en résulte restent valables dans le cas d'une diffusion anisotrope. Mais il n'en résulte plus nécessairement que la forme différentielle ω_1 , représentant la variation d'entropie de la diffusion, soit encore exacte.

La forme différentielle ω_1 est définie sur un ensemble temporel ouvert, car en chaque instant elle fait intervenir le comportement de la diffusion juste à droite et juste à gauche de cet instant, pour que l'on puisse définir les vitesses et les coefficients de diffusion à droite et à gauche. En particulier, la forme ω_1 associée au processus de Wiener n'est pas définie en $t = 0$.

5.2. LA FORME DIFFERENTIELLE ω_2 ET LA FONCTION D'ONDE

Repartons encore du processus de Wiener. Puisque $v_- = x/t$ et $v_+ = 0$, les fronts d'onde des vitesses à gauche v_- sont sphériques, avec pour foyer l'origine de l'espace au temps initial $t=0$, et les fronts d'onde des vitesses à droite v_+ sont des plans, avec pour foyer l'origine de l'espace au temps final $t=\infty$.

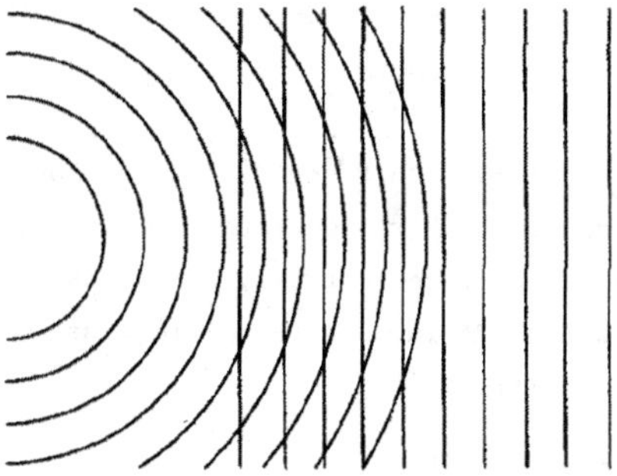

La vitesse moyenne $v = 2^{-1}(v_+ + v_-)$ admet donc elle aussi des fronts d'onde déterminés par la nouvelle forme différentielle exacte ω_2 $(= -\omega_1)$, à savoir l'opposé de la variation d'entropie (i.e. la variation d'énergie libre)

$$\omega_2 = \langle \nu^{-1} v, dq\rangle - Edt = -d(\log \rho\nu)$$

et par conséquent l'énergie $E = -E_{osm}$. Mais si le processus de Wiener est translaté par un mouvement d'entraînement, cette même forme différentielle exprimée au moyen des vitesses à droite et à gauche de la diffusion résultante $X_t = W_t + \int v_+ \, dt$ devient

$$\omega_2 = \langle \nu^{-1} v + A, dq\rangle - Edt = -d(\log \rho\nu) \ ,$$

avec $A = -\nu^{-1} v_+/2$, et c'est le moment $p = \nu^{-1}v + A$ qui présente des fronts d'onde. En d'autres termes, ce n'est pas la diffusion résultante, mais le processus de Wiener lui-même, dont les vitesses moyennes admettent généralement des fronts d'onde, ceci parce que le processus de Wiener et le mouvement d'entraînement sont sans autre interaction que l'entraînement lui-même : la forme différentielle

$$\langle \nu^{-1}v, dq\rangle - E\,dt = \langle A, dq\rangle - d(\log \rho\nu) \ ,$$

dont le second membre est maintenant l'action de la diffusion résultante associée à sa variation d'énergie libre, n'est exacte (et donc les vitesses moyennes de la diffusion résultante n'admettent des fronts d'onde) que si la forme translatante $\langle A, dq\rangle$ est elle-même exacte.

En transposant cette situation au cas plus général d'une diffusion, nous obtenons la définition de la fonction d'onde :

<u>Proposition</u> 5.2.1 (Fonction d'onde) Soit une diffusion isotrope sur une variété riemannienne M gouvernée par l'opérateur elliptique $G = \nu\Delta + v_+$ où Δ désigne l'opérateur de Laplace-Beltrami, et posons le coefficient de diffusion ν égal à $\hbar/2M$, définissant ainsi la masse nécessairement strictement positive, de la diffusion.

Alors la forme différentielle

$$\omega_1 = \langle M\,\partial v, dq\rangle - E_{osm}\,dt = \frac{\hbar}{2}\,d(\log \rho\nu) \;,$$

où $\partial v = 2^{-1}(v_+ - v_-)$ et $E_{osm} = -2^{-1}\hbar\,\partial_t(\log \rho\nu)$, est fermée par la continuité du processus, et exacte. Définissant alors la fonction scalaire $R : M \to R$ par la relation $\exp(2R) = \rho\nu$, on a $\omega_1 = d(\hbar R)$.

De plus, sous l'hypothèse que la diffusion (libre) présente des fronts d'onde, càd sous l'hypothèse que la forme différentielle

$$\omega_2 = \langle Mv, dq\rangle - E dt \;,$$

où E désigne l'énergie (non encore définie) de la diffusion, est exacte, alors il existe une fonction scalaire $S : M \to R$ (rendue scalaire par l'introduction de la constante multiplicative $\hbar$), extension de la fonction de Jacobi classique, telle que $\omega_2 = d(\hbar S)$.

Si cette diffusion n'est plus libre, mais translatée par un mouvement d'entraînement (diffusion en interaction avec un champ) nous faisons l'hypothèse que la forme différentielle translatée

$$\omega_2 = \langle Mv + A, dq\rangle - (E+V)\,dt$$

est exacte, et posons encore $\omega_2 = d(\hbar S)$

Dans les deux cas, nous définissons la fonction d'onde $\psi = \exp(R+iS)$ déterminant la diffusion (par sa répartition initiale et sa dérivée à droite) et telle que de plus

$$|\psi|^2 = \rho\nu.$$

Terminons par la définition suivante :

Définition 5.2.1 (Particule) Nous appellerons particule indifféremment la diffusion, càd l'onde entière, ou le quantum, càd une partie de l'onde. La vitesse et la masse de la particule sont la vitesse moyenne et la masse de la diffusion.

5.3 EQUATION DE SCHRÖDINGER ET EQUATION DE PAULI

Nous allons maintenant définir l'énergie E de façon à ce que la diffusion sur la variété riemannienne M(e.g. $M = R^3$) soit déterminée par une fonction d'onde solution de l'équation de Schrödinger.

Proposition 5.3.1 (Equation de Schrödinger) Nous supposons maintenant que le coefficient de diffusion $\nu = \hbar/2M$ est constant, ou ce qui est équivalent, que la masse M de la particule est constante, et que la forme différentielle

$$\omega_2 = \langle Mv, dq \rangle - Edt$$

avec

$$E = \frac{\langle p,p \rangle}{2M} - \frac{\hbar^2}{2M} \frac{\Delta e^R}{e^R} \quad (= \frac{|p|^2}{2M} - Q) ,$$

où $p = Mv$ et où $\langle \, , \, \rangle$ désigne le produit scalaire sur la variété riemannienne M, est exacte.

Alors la fonction d'onde $\psi = \exp(R+iS)$ détermine la diffusion et est solution de l'équation de Schrödinger

$$i\hbar \frac{\partial\psi}{\partial t} = - \frac{\hbar^2}{2M} \Delta\psi$$

Démonstration : Il suffit de vérifier les relations élémentaires

$$\mathfrak{R}(i\hbar \frac{\partial_t\psi}{\psi} + \frac{\hbar^2}{2M} \frac{\Delta\psi}{\psi}) = E - \frac{|p|^2}{2M} + Q = 0$$

$$\mathfrak{I}(i\hbar \frac{\partial_t\psi}{\psi} + \frac{\hbar^2}{2M} \frac{\Delta\psi}{\psi}) = \frac{\hbar}{2} e^{-2R} (\partial_t\rho + \operatorname{div} \rho v) = 0 .$$

On peut d'ailleurs observer qu'ainsi qu'en théorie de Hamilton-Jacobi la fermeture de la forme ω_2 donne en particulier l'équation du mouvement de la particule, à savoir ici

$$2^{-1}(L\, Mv_+ + R\, Mv_-) \equiv \frac{d}{dt}(Mv) - \text{grad}\, Q = 0$$

Dans tout ce qui suit, nous appellerons "forme translatée" et "équation d'onde translatée" toute forme et toute équation d'onde associée avec une particule en interaction avec un champ.

Proposition 5.3.2 (Equation de Schrödinger translatée) On suppose encore le coefficient de diffusion $\nu = \hbar/2M$ constant et que l'énergie E a la même expression que ci-dessus, à savoir

$$E = \frac{|p|^2}{2M} - Q \qquad \text{avec} \qquad Q = \frac{\hbar^2}{2M}\frac{\Delta e^R}{e^R},$$

mais on se donne maintenant des potentiels réels A, V définis sur la variété riemannienne M.

Alors la forme ω_1 conserve la même expression tandis que l'on suppose maintenant exacte la forme translatée

$$\omega_2 = \langle Mv + A, dq\rangle - (E+V)\, dt,$$

et la fonction correspondante $\psi = \exp(R+iS)$ déterminant la diffusion est solution de l'équation de Schrödinger translatée

$$(i\hbar\, \partial_t - V)\psi = \frac{1}{2M}\left(\frac{\hbar}{i}\nabla\psi - A\right)^2\psi .$$

Démonstration : La vérification est immédiate, la partie imaginaire de l'équation restant d'ailleurs inchangée.

Dans le cas par exemple d'un électron en interaction avec un champ électromagnétique, la variété M étant l'espace à 3 dimensions R^3, la fermeture de la forme ω_2 donne l'équation du mouvement

$$\frac{d}{dt}(Mv) - \text{grad}\, Q = \mathcal{E} + v \wedge \mathcal{H},$$

où l'on reconnaît dans le second membre la force de Laplace (avec $e=c=1$) exprimée en fonction des champs électrique $\mathcal{E}$ et magnétique $\mathcal{H}$ définis par les équations de Maxwell

$$\mathcal{E} + \partial_t A = -\text{grad } V \ , \ \mathcal{H} = \text{rot } A \ .$$

Mais on peut aussi bien introduire le spin de l'électron en considérant la diffusion non plus seulement sur R^3, mais sur la variété riemannienne $M = R^3 \times SU(2)$, où $SU(2)$ désigne le groupe des matrices unitaires 2×2 de déterminant $+1$ constituant le revêtement universel du groupe spécial orthogonal $SO(3)$, càd du groupe des rotations de R^3. En translatant l'équation de Schrödinger correspondante, on obtient l'équation spinorielle de Pauli. Plus précisément :

<u>Proposition</u> 5.3.4 (Equation de Schrödinger sur $R^3 \times SU(2)$) Nous supposons la diffusion sur la variété $M = R^3 \times SU(2)$ isotrope séparément dans les espaces R^3 et $SU(2)$, les coefficients de diffusion correspondants $\nu_1 = \hbar/2M$ et $\nu_2 = \hbar/2I$, où M est la masse et I le moment d'inertie, étant constants mais non nécessairement égaux.

Alors l'équation d'onde $\psi = \exp(R+iS)$, avec $\omega_1 = d(\hbar R)$ et $\omega_2 = d(\hbar S)$, de la diffusion libre sur $R^3 \times SU(2)$ est une solution de l'équation de Schrödinger

$$i\hbar \frac{\partial\psi}{\partial t} = - \left(\frac{\hbar^2}{2M} \Delta_1 + \frac{\hbar^2}{2I} \Delta_2\right) \psi \ ,$$

où Δ_1 et Δ_2 sont les opérateurs de Laplace-Beltrami respectivement sur R^3 et $SU(2)$.

<u>Démonstration</u> : Le seul point à établir est que la forme ω_1 est encore exacte, quoique la diffusion ne soit plus isotrope sur $R^3 \times SU(2)$. En fait, cette forme est la somme

$$\omega_1 = d(\log \rho\nu_1) + d(\log \rho\nu_2)$$

avec $\nu_1 = \hbar/2M$ et $\nu_2 = \hbar/2I$.

Supposant maintenant que la particule est en interaction avec un champ, dans la forme ω_2 translatée apparaissent de nouveaux termes, à savoir

$$\omega_2 = \langle Mv+A,dq\rangle_1 + \langle Is+B,dq\rangle_2 - (E+V)\ dt$$

où $\langle , \rangle_1$ et $\langle , \rangle_2$ sont les produits scalaires sur R^3 et $SU(2)$, et où s(= spin) est écrit pour v sur $SU(2)$. L'équation de Schrödinger translatée est alors

$$(i\hbar\ \partial_t - V)\psi = \frac{1}{2M}\left(\frac{\hbar}{i}\nabla_1 - A\right)^2\psi + \frac{1}{2I}\left(\frac{\hbar}{i}\nabla_2 - B\right)^2\psi\ ,$$

où ∇_1 et ∇_2 sont les gradients sur R^3 et $SU(2)$, mais nous désirons définir les diffusions sur R^3 associées à un spin stationnaire, càd à une diffusion stationnaire sur $SU(2)$.

Introduisant les angles d'Euler, la matrice générique de $SU(2)$ peut s'écrire sous la forme

$$\begin{matrix} \cos\frac{\theta}{2}\exp\left[\frac{i}{2}(\phi+\chi)\right] & i\sin\frac{\theta}{2}\exp\left[\frac{i}{2}(\phi-\chi)\right] \\ i\sin\frac{\theta}{2}\exp\left[-\frac{i}{2}(\phi+\chi)\right] & \cos\frac{\theta}{2}\exp\left[-\frac{i}{2}(\phi+\chi)\right] \end{matrix}$$

Introduisons encore les trois opérateurs suivants :

$$L_x = \cos\phi\frac{\partial}{\partial\theta} + \frac{\sin\phi}{\sin\theta}\left(\frac{\partial}{\partial\chi} - \cos\theta\frac{\partial}{\partial\phi}\right)$$

$$L_y = \sin\phi\frac{\partial}{\partial\theta} - \frac{\cos\phi}{\sin\theta}\left(\frac{\partial}{\partial\chi} - \cos\theta\frac{\partial}{\partial\phi}\right) \quad \text{et} \quad L_z = \frac{\partial}{\partial\phi}\ .$$

Alors chaque terme de la matrice générique de $SU(2)$ ci-dessus est une fonction propre de l'opérateur $i\ L_z$ correspondant à la valeur propre $\pm\frac{1}{2}$, et est aussi une fonction propre de l'opérateur de Laplace-Betrami $\Delta_2 = L_x^2 + L_y^2 + L_z^2$ sur $SU(2)$ correspondant à la valeur propre $-2^{-1}(2^{-1}+1)$

Aussi nous obtenons le résultat suivant :

Proposition 5.3.4 (Equation de Pauli) Sous les hypothèses de la précédente Proposition 5.3.3, toute fonction d'onde

$$\psi = \psi_+ \otimes e_+ + \psi_- \otimes e_-\ ,$$

où $\binom{e_+}{e_-}$ désigne l'une quelconque des deux colonnes de la matrice générique de SU(2) ci-dessus, et où ψ_+, ψ_- : $R^3 \to C$ sont des fonctions (à valeurs complexes) seulement définies sur R^3 (séparation des variables), qui est solution de l'équation de Schrödinger translatée

$$(i\hbar\, \partial_t - V)\psi = \frac{1}{2M}\left(\frac{\hbar}{i}\nabla_1 - A\right)^2\psi + \frac{1}{2I}\left(\frac{\hbar}{i}\nabla_2 - B\right)^2\psi \quad ,$$

est telle qu'en désignant maintenant par ψ le vecteur colonne

$$\psi = \binom{\psi_+}{\psi_-} \quad ,$$

ce vecteur colonne est lui-même solution de l'équation spinorielle

$$(i\hbar\, \partial_t - V)\psi = \frac{1}{2M}\left(\frac{\hbar}{i}\nabla_1 - A\right)^2 \psi$$
$$+ \frac{1}{2I}\left[\frac{3}{4}\hbar^2 - 2\langle B,\sigma\rangle_2 - \frac{\hbar}{i}\,\mathrm{div}_2 B + \langle B,B\rangle_2\right]\psi$$

avec $\langle B, \sigma\rangle_2 = B_x\sigma_x + B_y\,\sigma_y + B_z\,\sigma_z$, où B_x, B_y et B_z désignent les composantes de B relativement au trièdre $(\partial_x, \partial_y, \partial_z)$ - en identifiant tout vecteur dans chaque espace vectoriel tangent à SU(2) avec la dérivée (de Lie) que cette direction définit - , et où σ_x, σ_y et σ_z désignent les matrices de Pauli

$$\sigma_x = \begin{pmatrix} 0 & 1 \\ 1 & 0 \end{pmatrix} \qquad \sigma_y = \begin{pmatrix} 0 & -i \\ i & 0 \end{pmatrix} \qquad \sigma_z = \begin{pmatrix} 1 & 0 \\ 0 & 1 \end{pmatrix} .$$

<u>Démonstration</u> : Il suffit d'observer que

$$\left(\frac{\hbar}{i}\nabla_2 - B\right)^2\psi = -\hbar^2\,\Delta_2\psi - 2\langle B, \frac{\hbar}{i}\nabla_2\,\psi\rangle_2 - \frac{\hbar}{i}(\mathrm{div}_2 B)\psi + \langle B,B\rangle_2\,\psi,$$

et que, désignant maintenant par ψ le vecteur colonne $\binom{\psi_+}{\psi_-}$, on a

$$\Delta_2\psi = -\frac{3}{4}\,\psi,$$

$$\langle B, \frac{\hbar}{i}\nabla_2\,\psi\rangle_2 = \langle B,\sigma\rangle_2\,\psi \ ,$$

cette dernière égalité résultant des relations élémentaires

$$i\partial_z e_\pm = \pm\frac{1}{2} e_\pm \ ,$$

$$(\partial_x \mp i\partial_y) e_\pm = e_\mp \ , \qquad (\partial_x \pm i\partial_y) e_\pm = 0 \ .$$

5.4. MOUVEMENT BROWNIEN RELATIVISTE

Soit M l'espace de Minkowski, $(q^o = ict,\ q^j)$ avec $j=1,2,3$ les coordonnées de $q \in M$, X une diffusion sur M et $X_t = (X_t^o = ic\, T_t,\ X_t^j)$ avec $j=1,2,3$ la position de X à l'instant t. On observera que le temps de l'espace de Minkowski (dans ict) et le temps paramètre (dans X_t) ne sont pas les mêmes, quoique nous utilisions la même lettre pour les deux du fait qu'aucune confusion ne peut réellement en résulter : séparant le temps paramètre des autres variables et factorisant ainsi la diffusion à travers les coordonnées de l'espace de Minkowski, la cinquième dimension que constitue ce temps paramètre va en fait disparaître.

Pour toute fonction (indéfiniment) différentiable à support compact $f : M \to R$ (i.e. définie sur l'espace de Minkowski et donc indépendante du temps paramètre) les dérivées à droite et à gauche de la diffusion X sont

$$(Lf)(q) = \lim_{s \uparrow t} E\left[\frac{f(X_t)-f(X_s)}{t-s} \middle| X_t = q\right] = \langle v_-, \nabla f\rangle - \nu\,\Box f$$

et

$$(Rf)(q) = \lim_{u \downarrow t} E\left[\frac{f(X_u)-f(X_t)}{u-t} \middle| X_t = q\right] = \langle v_+, \nabla f\rangle + \nu\,\Box f$$

où $\langle , \rangle$, ∇ = grad et $\Box$ = div grad désignent respectivement le produit scalaire, le gradient et le d'Alembertien sur M.

Nous supposerons dans tout ce qui suit que la répartition spatio-temporelle de la diffusion est indépendante du temps paramètre. Dans ces conditions on a

$$E\left[(f.Lg + Rf.g)(X_t)\right] = \text{const.} = 0 \ ,$$

le fait que cette constante soit nulle résultant de la relation déjà établie

$$E\left[(fg)(X_b)-(fg)(X_a)\right] = \int_a^b dt\ E\left[(f.Lg+Rf.g)(X_t)\right],$$

le premier membre étant nul puisque l'espérance $E\left[(fg)(X_b)\right]$ est constante. On a donc

$$\int\left[f.Lg + Rf.g\right]\rho\ dq = 0\ ,$$

avec $P\{X_t \in dq\} = \rho(q)dq$, en d'autres termes les dérivées à droite et à gauche sont, au signe près, des opérateurs adjoints l'un de l'autre relativement à la mesure $\rho\ dq$. On a donc le résultat suivant :

<u>Proposition</u> 5.4.1 (Continuité de la diffusion spatiotemporelle) Soit $X_t\,(-\infty<t<+\infty)$ une diffusion isotrope dans l'espace de Minkowski dont la répartition est indépendante du temps paramètre. Alors les dérivées à droite et à gauche R et L de cette diffusion sont, au signe près, des opérateurs adjoints l'un de l'autre relativement à la mesure $\rho\ dq$, en d'autres termes quelles que soient les fonctions (indéfiniment) différentiables $f,g : M \to R$ à support compact, on a la relation

$$\int\left[f.Lg + Rf.g\right]\rho\ dq = 0$$

où $\rho : M \to R$ désigne la densité de répartition de la diffusion (indépendante du temps paramètre) telle que

$$\rho(q)dq = P\ \{X_t \in dq\}\ ,$$

$dq = c dt\ dq^j$ désignant la mesure de Lebesgue sur M. Il en résulte que les coefficients de diffusion à droite et à gauche sont égaux et que les vitesses à gauche et à droite satisfont à la relation

$$\frac{v_+ - v_-}{2} = \frac{1}{\rho}\ \mathrm{grad}\ (\rho\nu)\ .$$

Il en résulte aussi, L^+ et R^+ désignant respectivement les adjoints de L et R relativement à la mesure dq, les équations de Fokker-Planck

$$L^+\rho \equiv \mathrm{div}(\rho v_-) + \Box\rho\nu = 0\ , \quad -R^+\rho \equiv \mathrm{div}(\rho v_+) - \Box\rho\nu = 0\ ,$$

desquelles on déduit, en posant encore $v = 2^{-1}(v_+ + v_-)$, l'équation de continuité

$$\mathrm{div}(\rho v) = 0$$

En supposant d'autre part la constitution de fronts d'onde, nous obtenons la définition de la fonction d'onde :

Proposition 5.4.2 (Fonction d'onde) Soit une diffusion isotrope dans l'espace de Minkowski M dont la répartition est indépendante du temps paramètre, et définissons la masse M de cette diffusion en posant $\nu = \hbar/2M$.

Alors la forme différentielle

$$\omega_1 = \langle M\partial v, dq\rangle = \frac{\hbar}{2}\, d(\log \rho\nu) ,$$

avec $\partial v = 2^{-1}(v_+ - v_-)$ est exacte, et on a $\omega_1 = d(\hbar R)$ où la fonction scalaire $R : M \to R$ est telle que $\exp(2R) = \rho\nu$.

De plus, faisons l'hypothèse que la diffusion libre présente des fronts d'onde, càd l'hypothèse que la forme différentielle

$$\omega_2 = \langle Mv, dq\rangle$$

où $v = 2^{-1}(v_+ + v_-)$ est exacte. Ou si cette diffusion n'est pas libre, mais translatée par un mouvement d'entraînement (diffusion en interaction avec un champ), faisons l'hypothèse que la forme différentielle translatée

$$\omega_2 = \langle Mv + A, dq\rangle$$

est exacte.

Alors il existe une fonction scalaire $S : M \to R$ telle que $\omega_2 = d(\hbar S)$, de sorte que définissant la fonction d'onde en posant $\psi = \exp(R+iS)$, on a

$$|\psi|^2 = \rho\nu .$$

Pour que la fonction d'onde détermine alors la diffusion, nous supposerons connue la vitesse temporelle moyenne, et plus précisément nous poserons

$$v_o = ic$$

Dans ces conditions, la forme éventuellement translatée

$$\omega_2 = \langle Mv + A, dq^j \rangle_N - (Mc^2 - ic\, A)dt \,,$$

où $\langle\, ,\, \rangle_N$ désigne le produit scalaire sur le sous-vectoriel réel N de Minkowski, détermine par sa composante temporelle la masse M de la diffusion, de sorte que $|\psi|^2 = \rho\nu$ détermine maintenant la répartition initiale et que les formes ω_1 et ω_2 déterminent la dérivée à droite

$$\lim_{h \downarrow 0} E\left[\frac{f(X_{\cdot+h}) - f(X_{\cdot})}{h} \,\Big|\, X_{\cdot} = q \right] = \langle v_+, \nabla f \rangle + \nu \,\Box f \,,$$

indépendante du temps paramètre, de la diffusion spatio-temporelle.

Il reste donc à déterminer la fonction d'onde. Commençant par le cas d'une diffusion libre, observons d'abord que de la fermeture de la forme ω_2 on déduit les équations du mouvement

$$\frac{d}{dt}(Mv_\lambda) = \frac{1}{2M}\, \partial_\lambda \langle Mv, Mv \rangle$$

$$= -c^2 \sqrt{1-\beta^2}\, \partial_\lambda\, (M_o)$$

avec $1-\beta^2 = -c^2 \langle v,v \rangle$ et $M = M_o / \sqrt{1-\beta^2}$. A priori nous ne connaissons pas la masse propre M_o , mais les équations du mouvement permettent de reconstituer immédiatement la relation

$$2\, Mv_\lambda \frac{d}{dt}(Mv_\lambda) = \frac{d}{dt} \langle Mv, Mv \rangle$$

$$= \frac{d}{dt}(-M_o^2\, c^2) \,,$$

et comme une diffusion approchant l'équilibre thermodynamique a une masse propre M_o constante, à des termes de fluctuation près éventuellement, puisque le coefficient de diffusion $\nu_o = \hbar / 2M_o$ exprime l'ordre de grandeur du volume propre occupé localement par le processus, le second membre ci-dessus est nul ou approximativement nul, et les équations du mouvement d'une telle diffusion sont donc

$$\frac{d}{dt}(Mv_\lambda) \approx 0 \qquad \text{avec} \qquad M_o \approx m_o = \text{const.}$$

En particulier, les équations du mouvement de la diffusion à l'équilibre thermodynamique sont

$$\frac{d}{dt}(Mv_\lambda) = 0 .$$

On déduit de ces équations que $\langle Mv, Mv\rangle = -m_o^2 c^2 = \text{const.}$, et donc que la masse propre $M_o = m_o = \text{const.}$. Il en résulte que la vitesse moyenne v est elle-même constante, et donc que le moment $p = Mv$ est constant avec M et v constants. Comme de plus à l'équilibre thermodynamique la variation d'entropie $d(\log \rho\nu)$ est nulle, la forme ω_1 est identiquement nulle, et la fonction d'onde $\psi = \text{const.}\, e^{iS}$ est alors monochromatique. De plus, la formule de masse $\langle Mv, Mv\rangle + m_o^2 c^2 = 0$ entraîne que cette fonction d'onde est solution de l'équation de Klein-Gordon

$$\Box \psi = \frac{m_o^2 c^2}{\hbar^2} \psi .$$

Plus généralement, les équations approchées ci-dessus montrent que l'on doit avoir au voisinage de l'équilibre la formule de masse $\langle Mv, Mv\rangle + m_o^2 c^2 = Q$ avec le terme de fluctuation réel $Q \approx 0$. On obtient donc le résultat suivant :

<u>Proposition</u> 5.4.3 (Equation d'onde des diffusions au voisinage de l'équilibre). Soit $X_t = (ic\, T_t, X_t^j)$ avec $j = 1,2,3$ une diffusion spatio-temporelle isotrope dont la répartition dans l'espace de Minkowski de coordonnées $q = (q^o = ict, q^j)$ est indépendante du temps paramètre. Alors on a

$$\omega_1 = \langle M\partial v, dq\rangle = \frac{\hbar}{2}\, d(\log \rho\nu) = d\hbar R$$

où $\partial v = 2^{-1}(v_+ - v_-)$, $\rho(q)dq = P\{X_t \in dq\}$ et $\nu = \hbar/2M$.

Supposant en outre que la forme $\omega_2 (= d\hbar S)$ est exacte, et posant $v_o = ic$, alors on a la relation (transformation de Legendre)

$$E = \langle v, Mv\rangle_N - L \qquad \text{avec } E = Mc^2 \ , \ L = -M_o c^2 \sqrt{1-\beta^2}$$

où $\langle , \rangle_N$ désigne le produit scalaire dans le sous-vectoriel réel N de l'espace de Minkowski, et où $M = M_o/\sqrt{1-\beta^2}$, $1-\beta^2 = -c^2\langle v,v\rangle$, avec au voisinage de l'équilibre la formule de masse

$$\langle Mv, Mv \rangle + m_o^2\, c^2 = Q$$

où Q est un terme de fluctuation réel, et il résulte des relations élémentaires

$$\mathfrak{R}(\hbar^2 \frac{\Box\psi}{\psi}) = M_o^2\, c^2 + \hbar^2 \frac{\Box e^R}{e^R} \,, \quad \mathfrak{I}(\hbar^2 \frac{\Box\psi}{\psi}) = \hbar\, m_o\, e^{-2R}\, \mathrm{div}(\rho v) \,,$$

que si on pose $Q = \hbar^2 \frac{\Box e^R}{e^R} + U$, la fonction d'onde $\psi = \exp\,(R+iS)$ est solution de l'équation d'onde

$$\Box\, \psi = \frac{m_o^2\, c^2 - U}{\hbar^2}\, \psi \,.$$

Ainsi, à toute diffusion voisine de l'équilibre thermodynamique correspond une équation d'onde perturbée de l'équation de Klein-Gordon, qui joue ainsi un rôle central.

De plus, ayant maintenant identifié le coefficient de diffusion $\nu = \hbar/2M$, nous pouvons translater la forme ω_2 .

Proposition 5.4.4 (Equation d'onde translatée des diffusions au voisinage de l'équilibre) Nous supposons que le coefficient de diffusion $\nu = \hbar/2M$ est déterminé par la formule de masse

$$\langle Mv, Mv \rangle + m_o^2\, c^2 = Q$$

de la précédente Proposition 5.4.3, et que de plus la forme translatée

$$\omega_2 = \langle Mv + A, dq \rangle \quad (= d\hbar S)$$

est exacte. Alors on a maintenant la relation (transformation de Legendre)

$$E + V = \langle Mv_j + A_j, v_j \rangle_N - L \quad \text{avec} \quad E = Mc^2,\; L = -M_o c^2 \sqrt{1-\beta^2} + \langle A, v \rangle \,,$$

où $V = ic\, A_o$, $M = M_o/\sqrt{1-\beta^2}$,et il résulte des relations élémentaires

$$\mathfrak{R}(\frac{\Theta\psi}{\psi}) = M_o^2 c^2 + \hbar^2\, \frac{e^R}{e^R} \,, \quad \mathfrak{I}(\frac{\Theta\psi}{\psi}) = \hbar m_o e^{-2R}\, \mathrm{div}(\rho v) \,,$$

que si on pose encore $Q = \hbar^2 \frac{\Box e^R}{e^R} + U$, alors la fonction d'onde $\psi = \exp(R+iS)$ est solution de l'équation d'onde translatée

$$(\Theta\psi \equiv) \; -\sum \left(\frac{\hbar}{i}\, \partial_\mu - A_\mu\right)\left(\frac{\hbar}{i} \partial_\mu - A_\mu\right)\psi = (m_o^2 c^2 - U)\psi \quad .$$

Terminons par deux remarques :

L'équation d'onde d'une diffusion au voisinage de l'équilibre n'est pas nécessairement linéaire ou du second ordre. On peut prendre $U = \pm |\psi|^2$, ou plus généralement toute expression nécessairement réelle pour conserver l'équation de continuité (éventuellement complexe si l'on se contente d'une approximation afin de simplifier l'équation d'onde), par exemple faisant intervenir des opérateurs différentiels d'ordre quelconque. Dans le même temps, il apparaît sur la formule de masse que la relation énergétique classique

$$\langle p-A,\ p-A\rangle + m_o^2\, c^2 - U = 0 ,$$

à laquelle est associée l'équation d'onde ci-dessus, n'est pas nécessairement quadratique par rapport au moment $p = Mv+A$.

Passant de la mécanique relativiste à la mécanique newtonienne en faisant $h \downarrow 0$ (i.e. en faisant tendre le coefficient de diffusion vers 0) dans la direction temporelle, les équations du mouvement relativiste

$$\frac{d}{dt}\,(Mv_\mu + A_\mu) = \frac{1}{2M}\,\partial_\mu\left(U + \frac{\Box e^R}{e^R}\right) + \langle v, \partial_\mu A\rangle$$

s'écrivent dans le cas d'une équation de Klein-Gordon non translatée $(U=0,\ A=0)$

$$2^{-1}(L\ Mv_+ + R\ Mv_-) = 0 ,$$

et donnent alors par leurs trois composantes spatiales dans le cas newtonien la relation $\langle p,p\rangle_N - Q = \text{const.}$ avec $Q = \hbar^2\, e^{-R}\Delta\, e^R$, la constante d'intégration s'identifiant par dégénérescence de la relation $E = Mc^2$ en $m_o^2\, c^2 + |p|^2/2m_o$ à $2m_o(E - m_o c^2)$. D'où à une constante additive près

$$E = \frac{|p|^2}{2m_o} - \frac{\hbar^2}{2m_o}\,\frac{\Delta e^R}{e^R} ,$$

de sorte que la forme $\omega_2 = \langle Mv, dq\rangle_N - Edt$ apparaît fermée par les équations du mouvement, la fonction d'onde de la diffusion spatiale étant ainsi solution de l'équation de Schrödinger.

5.5. EQUATION DE DIRAC

Nous allons maintenant définir une diffusion X dans l'espace de Minkowski au moyen d'une solution de l'équation de Dirac.

Pour cela, soit M l'espace de Minkowski et $SL(2,C)$ le groupe des matrices complexes à 2 lignes et 2 colonnes de déterminant unité constituant le revêtement universel du groupe de Lorentz propre. On désigne par $(q^o = ict, q^j)$ où $j=1,2,3$ les coordonnées de M, par N le sous-vectoriel réel de M constituant l'espace de l'observateur, par (q^j) où $j=4,\ldots,9$ les coordonnées de $SL(2,C)$. Sur $SL(2,C)$ on définit une métrique riemannienne en posant le ds^2 égal à $2(dt)^2$ trace $(\dot{S}\dot{S}^+)$ où S^+ et S désignent respectivement l'inverse (pour la structure de groupe) et la dérivée (par rapport au temps paramètre) de $S \in SL(2,C)$. Enfin soit $X_t = X_t^o = ic\, T_t, X_t^j)$ avec $j=1,2,\ldots,9$ la position de la diffusion sur $M\times SL(2,C)$ à l'instant t. Nous rappelons que le temps minkowskien dans ict et le temps paramètre dans X_t ne sont pas les mêmes.

Nous désignons les dérivées à gauche et à droite de X par

$$Lf = \langle v_-, \nabla f\rangle - \nu(\Box+\Delta)f \qquad Rf = \langle v_+, \nabla f\rangle + \nu(\Box+\Delta)f$$

où $\langle , \rangle$, $\nabla = \text{grad}$ et $\Box + \Delta = \text{div grad}$ désignent respectivement le produit scalaire, le gradient et le dalembertien sur $M\times SL(2,C)$ somme du dalembertien $\Box$ sur M et du laplacien Δ sur $SL(2,C)$, la fonction à support compact f étant supposée (indéfiniment) différentiable.

Proposition 5.5.1 (Equation de Klein-Gordon sur $M\times SL(2,C)$) On suppose que la répartition sur $M\times SL(2,C)$ de la diffusion libre $X = (X_t^o = ic\, T_t, X_t^j)$ est indépendante du temps paramètre, que $v_o = ic$, que cette diffusion libre présente des fronts d'onde, la forme

$$\omega_2 = \langle Mv, dq\rangle_{M\times SL}$$

étant exacte, et qu'elle est au voisinage de l'équilibre avec plus précisément la formule de masse

$$<Mv,Mv>_{M\times SL} + m_o^2 c^2 = Q$$

où le terme de fluctuation réel est pris égal à $\hbar^2 e^{-R} (\Box+\Delta) e^R$.

Alors la fonction d'onde $\psi = \exp(R+iS)$ définie sur $M\times SL(2,C)$ avec $\omega_1 = d\hbar R$ et $\omega_2 = d\hbar S$ est solution de l'équation de Klein-Gordon

$$(\Box+\Delta)\psi = \frac{m_o^2 c^2}{\hbar^2} \psi .$$

On pourrait encore poser $M = M_o/\sqrt{1-\beta^2}$ avec ici $\beta^2 = <\beta,\beta>$ où le produit scalaire $< , >$ serait ici pris sur $N\times SL(2,C)$, obtenant en particulier la relation de la transformation de Legendre

$$E = <v,Mv>_{N\times SL} - L \qquad \text{avec} \qquad E = Mc^2, L = -M_o c^2 \sqrt{1-\beta^2} .$$

Cependant, le groupe $SL(2,C)$ étant localement isomorphe au produit $SU(2)\times SU(2)$, soit $\binom{e_+}{e_-}$ une colonne quelconque mais fixée de la matrice générique du groupe $\bar{SU}(2)$, et cherchons les fonctions d'onde ψ correspondant à un spin stationnaire $\pm$ 1/2, de la forme

$$\psi = \psi_{\pm\pm} \quad e_\pm \otimes e_\pm \quad ,$$

la fonction $\psi_{\pm\pm} : M \rightarrow C$ dépendant uniquement de $q = (ict,q^j)$ où $j=1,2,3$. Alors la formule de masse ci-dessus se scinde nécessairement en les deux relations

$$<Mv,Mv>_M - \hbar^2 \frac{\Box e^R}{e^R} = \text{const.} = \mathbf{m}_o^2 c^2 ,$$

$$<Mv,Mv>_{SL} - \hbar^2 \frac{\Delta e^R}{e^R} = \text{const.} = m_o^2 c^2 - \mathbf{m}_o^2 c^2 = \mathcal{R}(\hbar^2 \frac{\Delta(e_\pm \otimes e_\pm)}{e_\pm \otimes e_\pm})$$

et comme le dernier terme est indépendant du choix de l'un des quatre vecteurs $e_\pm \otimes e_\pm$ considérés, la constante $\mathbf{m}_o$ est elle aussi indépendante du choix de ce vecteur et on a plus précisément

$$\mathbf{m}_o^2 c^2 - m_o^2 c^2 = \frac{3}{2} \hbar^2 .$$

De plus, posant maintenant $M_o^2 c^2 = -<Mv,Mv>_M$, on retrouve bien la relation habituelle $M = M_o/\sqrt{1-\beta^2}$ avec ici $\beta^2 = <\beta,\beta>_N$, tandis que chacune des quatre fonctions d'onde $\psi_{\pm\pm}$ définit une diffusion sur l'espace de Minkowski M .

La superposition de ces quatre fonctions $\psi_{\pm\pm}$ va alors pouvoir être gouvernée par l'équation de Dirac. Exprimant en effet les générateurs de l'algèbre de Lie du groupe $SL(2,C)$ dans la base $e_\pm \otimes e_\pm$, on obtient associées aux rotations dans les demi-plans (i,j) de M les matrices $A_{\mu\nu}$ telles que

$$A_{01} = \frac{1}{2}\,(\sigma_3 \otimes \sigma_1) \qquad A_{23} = \frac{1}{2i}\,(1 \otimes \sigma_1)$$

$$A_{02} = \frac{1}{2}\,(\sigma_3 \otimes \sigma_2) \qquad A_{31} = \frac{1}{2i}\,(1 \otimes \sigma_2)$$

$$A_{03} = \frac{1}{2}\,(\sigma_3 \otimes \sigma_3) \qquad A_{12} = \frac{1}{2i}\,(1 \otimes \sigma_3)\ ,$$

où $\sigma_1, \sigma_2, \sigma_3$ désignent les trois matrices de Pauli, de sorte qu'en posant

$$\gamma_o = \begin{pmatrix} 0 & -1 \\ -1 & 0 \end{pmatrix} \qquad \gamma^j = \begin{pmatrix} 0 & -i\sigma_j \\ i\sigma_j & 0 \end{pmatrix} \qquad (j=1,2,3)\ ,$$

ces matrices 4×4 dites de Dirac vérifient les relations d'anticommutation et de commutation

$$\gamma_\mu\gamma_\nu + \gamma_\nu\gamma_\mu = 2\delta_{\mu\nu}$$

$$\gamma_\mu\gamma_\nu - \gamma_\nu\gamma_\mu = -4\ A_{\mu\nu}$$

avec $A_{\mu\nu} = A_{ij}$ où $-i\ A_{oj}$ selon le cas $(i,j=1,2,3)$, et qu'ainsi les deux résultats suivants apparaissent immédiatement :

<u>Proposition</u> 5.5.2 (Equation de Dirac) Toute solution de l'équation de Dirac

$$\left[\sum \gamma_\mu \frac{\hbar}{i}\,\partial_\mu + i m_o c\right]\psi = 0$$

où $\gamma_o = -\sigma_1 \otimes 1$, $\gamma_j = \sigma_2 \otimes \sigma_j$ lorsque $j=1,2,3$, où $\partial_o = (1/ic)\partial/\partial_t$, $\partial_j = \partial/\partial q_j$ lorsque $j=1,2,3$, et où

$$\psi = \begin{pmatrix} \psi_{++} \\ \psi_{+-} \\ \psi_{-+} \\ \psi_{--} \end{pmatrix}$$

est telle que la fonction d'onde correspondante

$$\psi = \sum_{\pm\,\pm} \psi_{\pm\pm}\, e_{\pm} \otimes e_{\pm}$$

est solution de l'équation de Klein-Gordon sur $M \times SL(2,C)$ associée à la relation énergétique

$$\langle p,p\rangle_M + \langle p,p\rangle_{SL} + m_o^2\, c^2 = 0$$

dès qu'entre les masses $\mathbf{m}_o$ et m_o est satisfaite la relation

$$\mathbf{m}_o^2\, c^2 = m_o^2\, c^2 + \frac{3}{2}\, h^2 \ .$$

<u>Démonstration</u> : Utilisant les relations d'anticommutation des matrices γ_μ ci-dessus, on obtient

$$\begin{aligned} 0 &= \left[\sum \gamma_\nu \frac{\hbar}{i}\, \partial_\mu\right]\left[\sum \gamma_\mu \frac{\hbar}{i}\, \partial_\mu + i\mathbf{m}_o c\right] \psi \\ &= - \sum \gamma_\nu \gamma_\mu \hbar^2 \partial_\nu\, \partial_\mu - (i\mathbf{m}_o c)^2\, \psi \\ &= -\hbar^2 \Box \psi + \mathbf{m}_o^2\, c^2\, \psi. \end{aligned}$$

Ainsi, chaque composante $\psi_{\pm\pm}$ satisfait à l'équation de Klein-Gordon sur l'espace de Minkowski avec la masse propre $\mathbf{m}_o$, de sorte que la fonction d'onde $\psi = \sum \psi_{\pm\pm}\, e_{\pm} \otimes e_{\pm}$ est telle que

$$\begin{aligned} (\Box+\Delta)\psi &= \sum (\Box\psi_{\pm\pm})\, e_{\pm} \otimes e_{\pm} + \sum \psi_{\pm\pm} (\Delta e_{\pm} \otimes e_{\pm}) \\ &= \frac{\mathbf{m}_o^2 c^2}{\hbar^2}\, \psi - \frac{3}{2}\psi = \frac{m_o^2 c^2}{\hbar^2}\, \psi \ . \end{aligned}$$

Cette précédente Proposition 5.5.2 s'étend plus généralement à la relation énergétique translatée

$$\langle p- \frac{e}{c}\, A, p- \frac{e}{c}\, A\rangle_M + \langle p- \frac{e}{c}\, F, p- \frac{e}{c}\, F\rangle_{SL} - \frac{e^2}{c^2}\, \langle F,F\rangle_{SL} + m_o^2 c^2 = 0 \ ,$$

où A désigne le potentiel électromagnétique et F le Faraday, càd le tenseur antisymétrique d'ordre deux du champ électromagnétique de composantes $F_{\mu\nu} = \partial_\mu A_\nu - \partial_\mu A_\mu$, à laquelle est associée l'équation de Dirac translatée. On observe que la formule de masse est maintenant

$$<Mv,Mv>_M + <Mv,Mv>_{SL} + m_o^2c^2 - U = \hbar^2 \frac{\Box e^R}{e^R} + \hbar^2 \frac{\Delta e^R}{e^R}$$

où $\Box$ et Δ désignent respectivement le dalembertien sur M et le laplacien sur SL(2,C), la masse propre étant donc perturbée par le terme $U = e^2 c^{-2} <F,F>_{SL}$. Pour toute fonction d'onde de la forme

$$\psi = \psi_{\pm\pm} \; e_\pm \otimes e_\pm \quad ,$$

cette formule de masse se scinde en les deux relations

$$<Mv,Mv>_M - U - \hbar^2 \frac{\Box e^R}{e^R} = \text{const.} = \mathfrak{m}_o^2 \, c^2$$

$$<Mv,Mv>_{SL} - \hbar^2 \frac{\Delta e^R}{e^R} = \text{const.} = m_o^2 \, c^2 - \mathfrak{m}_o^2 c^2 = \Re(\hbar^2 \frac{\Delta(e_\pm \otimes e_\pm)}{e_\pm \otimes e_\pm})$$

d'où maintenant le résultat suivant :

Proposition 5.5.3 (Equation de Dirac translatée) Toute solution de l'équation de Dirac translatée

$$\left[\sum \gamma_\mu (\frac{\hbar}{i} \partial_\mu - \frac{e}{c} A_\mu) + i\mathfrak{m}_o c\right]\psi = 0 \; ,$$

où $\gamma_o = -\sigma_1 \otimes 1$, $\gamma_j = \sigma_2 \otimes \sigma_j$ lorsque j=1,2,3 et où $\partial_o = (1/ic)\partial/\partial t$, $\partial_j = \partial/\partial q_j$ lorsque j=1,2,3, est telle que la fonction d'onde correspondante

$$\psi = \sum_{\pm\pm} \psi_{\pm\pm} \; e_\pm \otimes e_\pm$$

est solution de l'équation de Klein-Gordon sur M×SL(2,C) associée à la relation énergétique translatée

$$<p - \frac{e}{c} A, p - \frac{e}{c} A>_M + <p - \frac{e}{c} F, p - \frac{e}{c} F>_{SL} - \frac{e}{c^2} <F,F>_{SL} + m_o^2 c^2 = 0$$

dès qu'entre les masses $\mathfrak{m}_o$ et m_o la relation suivante est satisfaite

$$\mathfrak{m}_o^2 c^2 = m_o^2 c^2 + \frac{3}{2} \hbar^2 \; .$$

<u>Démonstration</u> : Utilisant semblablement les relations de commutation et d'anticommutation ci-dessus d'après lesquelles $\gamma_\mu \gamma_\mu = \delta_{\mu\nu} - i\sigma_{\mu\nu}$, on obtient

$$0 = \left[\sum \gamma_\mu \left(\frac{\hbar}{i}\right) \partial_\mu - \frac{e}{c} A_\nu)\right]\left[\sum \gamma_\mu (\frac{\hbar}{i} \partial_\mu - \frac{e}{c} A_\mu) + im_o c\right] \psi$$

$$= \sum \gamma_\nu \gamma_\mu (\frac{\hbar}{i} \partial_\nu - \frac{e}{c} A_\nu)(\frac{\hbar}{i} \partial_\mu - \frac{e}{c} A_\mu)\psi + m_o^2 c^2 \psi$$

$$= \sum (\frac{\hbar}{i} \partial_\mu - \frac{e}{c} A_\mu)(\frac{\hbar}{i} \partial_\mu - \frac{e}{c} A_\mu) \psi$$

$$= \frac{e\hbar}{2c} \sum \sigma_{\nu\mu} (\partial_\nu A_\mu - \partial_\mu A_\nu) + m_o^2 c^2 \psi ,$$

tandis que l'équation de Klein-Gordon associée à la relation énergétique ci-dessus est

$$0 = \sum (\frac{\hbar}{i} \partial_\mu - \frac{e}{c} A_\mu)(\frac{\hbar}{i} \partial_\mu - \frac{e}{c} A_\mu)\psi$$

$$- \hbar^2 \Delta\psi - \frac{2e\hbar}{ic} \sum F_{\mu\nu} \partial_{\mu\nu}\psi + (m_o^2 c^2 - U)\psi ,$$

ce qui achève la démonstration.

Terminons par une remarque concernant le spin :

L'équation de Dirac peut aussi bien s'écrire

$$(\frac{1}{c} \partial_t + \sum_{j=1}^{3} \alpha_j \partial_j + \frac{i}{\hbar} m_o c\alpha_o)\psi = 0$$

avec $\alpha_o = \sigma_1 \otimes 1$, $\alpha_j = \sigma_3 \otimes \sigma_j$ et $\partial_j = \partial/\partial q^j$. En la multipliant à gauche par $\hbar\alpha_o$, on obtient l'équation de la Proposition 5.5.2.

Le spin de la particule se met alors en évidence en posant

$$\sigma'_j = \begin{pmatrix} \sigma_j & 0 \\ 0 & \sigma_j \end{pmatrix}$$

et en observant que, tandis que $[L,H] \neq 0$ où $L = (L_x, L_y, L_z)$ avec

$L_x = yp_z - zp_y, \ldots$ cycliq. et où $H = c \sum \alpha_j p_j + m_o c^2 \alpha_o$ avec $p_j = \frac{\hbar}{i} \partial_j$,
on a la relation de commutation

$$[L + \frac{\hbar}{2} \sigma', H] = 0 .$$

Les valeurs propres des matrices $\sigma_1, \sigma_2, \sigma_3$ étant ± 1, on dit alors que la particule a un spin $\frac{\hbar}{2}$, ou plus simplement $\frac{1}{2}$.

On observera que cette notion de spin n'est pas relativiste.

5.6 EQUATIONS DE MAXWELL

Dans la section précédente, nous avons associé l'équation de Dirac à un mouvement brownien relativiste sur $M \times SL(2,C)$ ayant une rotation spatio-temporelle invariante par translation, càd indépendante des coordonnées minkowskiennes. De la même manière, on peut associer les équations spinorielles relativistes à des mouvements browniens sur les groupes de Lie $M \times (SL(2,C))^n (n \geq 1)$. Par exemple, si on considère le groupe $M \times (SL(2,C))^2$, on obtient le résultat suivant :

Proposition 5.6.1 (Mouvement brownien sur $M \times (SL(2,C))^2$ de spin ≤ 1) Toute solution du système compatible (j=1,2)

$$\left[\sum \gamma_\mu^j \frac{\hbar}{i} \partial_\mu + i m_o c\right]\psi = 0$$

où $\gamma_\mu^1 = \gamma_\mu \otimes 1$, $\gamma_\mu^2 = 1 \otimes \gamma_\mu$, les matrices γ_μ et les dérivations ∂_μ étant définies comme dans la Proposition 5.5.2 (Equation de Dirac), et où $\psi = (\psi_{\pm\pm\pm\pm})$ désigne un vecteur (colonne) à 16 composantes, est telle que la fonction d'onde correspondante

$$\psi = \sum \psi_{\pm\pm\pm\pm} \, e_\pm \otimes e_\pm \otimes e_\pm \otimes e_\pm$$

est solution de l'équation de Klein-Gordon sur $M \times (SL(2,C))^2$ associée à la relation énergétique

$$\langle p,p \rangle_{M \times SL \times SL} + m_o^2 c^2 = 0$$

dès qu'entre les masses $\mathbf{m}_o$ et m_o la relation suivante est satisfaite

$$\mathbf{m}_o^2\, c^2 = m_o^2\, c^2 + 2.\, \frac{3}{2}\, \hbar^2 \,.$$

<u>Démonstration</u> : Procédant comme pour l'équation de Dirac, on a avec ici $j=1,2$

$$o = \left[\sum \gamma_\nu^j \frac{\hbar}{i}\, \partial_\mu\right] \left[\sum \gamma_\mu^j \frac{\hbar}{i}\, \partial_\mu + i\mathbf{m}_o c\right] \psi$$

$$= -\hbar^2\, \psi + \mathbf{m}_o^2\, c^2\, \psi.$$

Ainsi chaque composante $\psi_{\pm\pm\pm\pm}$ satisfait à l'équation de Klein-Gordon sur l'espace de Minkowski avec la masse propre $\mathbf{m}_o$, de sorte que la fonction d'onde $\psi = \sum \psi_{\pm\pm\pm\pm}\ e_\pm \otimes e_\pm \otimes e_\pm$ est telle que

$$(\Box+\Delta+\Delta)\psi = \sum (\Box\, \psi_{\pm\pm\pm\pm})\ e_\pm \otimes e_\pm \otimes e_\pm \otimes e_\pm$$

$$+ \sum \psi_{\pm\pm\pm\pm}\ (\Delta e_\pm \otimes e_\pm) \otimes e_\pm \otimes e_\pm$$

$$+ \sum \psi_{\pm\pm\pm\pm}\ e_\pm \otimes e_\pm \otimes (\Delta e_\pm \otimes e_\pm)$$

$$= \frac{\mathbf{m}_o^2 c^2}{\hbar^2}\, \psi - \frac{3}{2}\, \psi - \frac{3}{2}\, \psi = \frac{m_o^2 c^2}{\hbar^2}\, \psi \,.$$

En multipliant les matrices $\gamma_\mu (\mu=1,\ldots,4)$ de l'équation de Dirac entre elles, on obtient 16 matrices linéairement indépendantes, à savoir

$$\gamma_o = 1$$

γ_o $\qquad$ γ_2 $\qquad$ γ_3 $\qquad$ γ_4

$\gamma_{23} = i\gamma_2\gamma_3$ $\qquad$ $\gamma_{31} = i\gamma_3\gamma_1$ $\qquad$ $\gamma_{12} = i\gamma_1\gamma_2$

$\gamma_{14} = i\gamma_1\gamma_4$ $\qquad$ $\gamma_{24} = i\gamma_2\gamma_4$ $\qquad$ $\gamma_{34} = i\gamma_3\gamma_4$

$\gamma_{234} = i\gamma_2\gamma_3\gamma_4$ $\qquad$ $\gamma_{341} = i\gamma_3\gamma_4\gamma_1$ $\qquad$ $\gamma_{412} = i\gamma_4\gamma_1\gamma_2$ $\qquad$ $\gamma_{123} = i\gamma_1\gamma_2\gamma_3$

$$\gamma_{1234} = \gamma_1\gamma_2\gamma_3\gamma_4$$

Ces seize matrices fondamentales, dites de Dirac, et désignées par $\gamma_.$, sont telles que $\gamma_.^2 = 1, tr(\gamma_.) = 0$, de sorte que toute matrice 4×4

$$\psi\gamma = \sum \phi_. \gamma_.$$

combinaison linéaire à coefficients $\phi.$ complexes de ces matrices $\gamma_.$ est telle que

$$\phi_. = \frac{1}{4} tr(\psi\gamma_.)$$

<u>Proposition</u> 5.6.2 (Equations maxwelliennes et non maxwelliennes de la particule de spin $\leqslant 1$ sur $M\times(SL(2,C))^2$) Constituant maintenant avec le vecteur colonne $\psi = (\psi_{\pm\pm\pm\pm})$ la matrice 4×4

$$\psi = \begin{pmatrix} \psi_{++++} & \psi_{-+++} & \psi_{+-++} & \psi_{--++} \\ \psi_{++-+} & \psi_{-+-+} & \psi_{+--+} & \psi_{---+} \\ \psi_{+++-} & \psi_{-++-} & \psi_{+-+-} & \psi_{--+-} \\ \psi_{++--} & \psi_{-+--} & \psi_{+---} & \psi_{----} \end{pmatrix}$$

alors les deux équations du système de la précédente Proposition 5.6.1 sont équivalentes au système suivant vérifié par la matrice $\psi\gamma$ avec $\gamma = \gamma_{24}$

$$\left[\sum \gamma_\mu \partial_\mu - \frac{m_o c}{\hbar}\right]\psi\gamma = 0$$

$$\psi\gamma\left[\sum \gamma_\mu \partial_\mu + \frac{m_o c}{\hbar}\right] = 0 .$$

Exprimant la matrice $\psi\gamma$ comme combinaison linéaire des seize matrices de Dirac $\gamma_.$ en posant

$$\psi\gamma = \sum \phi_. \gamma_. ,$$

les deux équations du système précédent donnent alors par demi-somme et demi-différence

$$\frac{1}{2}\sum_{\cdot}\left[\sum_{\mu}\partial_\mu(\gamma_\mu\gamma_\cdot-\gamma_\cdot\gamma_\mu)\phi_\cdot-\frac{m_oc}{\hbar}\gamma_\cdot\phi_\cdot\right]=0$$

$$\sum_{\cdot}\left(\sum_{\mu}\partial_\mu(\gamma_\mu\gamma_\cdot+\gamma_\cdot\gamma_\mu)\phi_\cdot\right)=0\ .$$

En posant enfin avec $k = m_o c/\hbar$

$$I_1 = \phi_o$$

$$A = \sum \phi_\mu dq^\mu$$

$$F = ik \sum \phi_{\mu\nu} dq^\mu\, dq^\nu$$

$$i\sigma = \sum \phi_{\mu\nu\rho} dq^\mu\, dq^\nu\, dq^\rho$$

$$iI_2 = \phi_{1234}\, dq^1\, dq^2\, dq^3\, dq^4\ ,$$

ce dernier système équivaut au système suivant constitué d'une part des équations maxwelliennes

$$F = dA \qquad dF = 0$$

$$d^*A = 0 \qquad d^*F = -K^{2*}A$$

et d'autre part des équations non maxwelliennes

$$kI_1 = 0$$

$$dI_1 = 0 \qquad d\sigma = -ikI_2$$

$$d^*I_2 = -ik\,{}^*\sigma \qquad d^*\sigma = 0$$

où ${}^*A$, ${}^*F$, ${}^*\sigma$ et ${}^*I_2$ désignent respectivement les formes duales des formes différentielles A, F,σ et I_2 .

Démonstration :

Etape 1 (Système vérifié par la matrice $\psi\gamma$)

Si ψ est la matrice 4×4 définie ci-dessus, les deux équations du système de la précédente Proposition 5.6.1 s'écrivent respectivement en posant $k = m_o c/\hbar$

$$[\sum \gamma_\mu \partial_\mu - k]\psi = 0$$

$$\psi[\sum {}^t\gamma_\mu \partial_\mu - k] = 0 ,$$

${}^t\gamma_\mu$ désignant la matrice transposée de γ_μ , et ∂_μ opérant à droite dans la première équation, à gauche dans la seconde. Comme on a

$${}^t\gamma_1 = -\gamma_1 \qquad {}^t\gamma_2 = \gamma_2 \qquad {}^t\gamma_3 = -\gamma_3 \qquad {}^t\gamma_4 = \gamma_4 ,$$

cette seconde équation s'écrit encore

$$\psi[-\gamma_1\partial_1 + \gamma_2\partial_2 - \gamma_3\partial_3 + \gamma_4\partial_4 - k] = 0 .$$

Et comme la matrice $\gamma = \gamma_{24}$ commute avec γ_1, γ_3 et anticommute avec γ_2, γ_4, cette dernière équation est encore équivalente à

$$\psi\gamma[\sum \gamma_\mu \partial_\mu + k] = 0 .$$

Posant maintenant $\psi\gamma = \sum \phi_{\cdot} \gamma_{\cdot}$, les deux équations du système obtenu s'écrivent respectivement

$$\sum \partial_\mu \phi_{\cdot} \gamma_\mu \gamma_{\cdot} - k\sum \phi_{\cdot} \gamma_{\cdot} = 0$$

$$\sum \partial_\mu \phi_{\cdot} \gamma_{\cdot} \gamma_\mu + k\sum \phi_{\cdot} \gamma_{\cdot} = 0$$

d'où par demi-somme et demi-différence les deux équations du système annoncé.

Etape 2 (Décomposition du système obtenu en équations maxwelliennes et non maxwelliennes)

En écrivant maintenant que les composantes relativement aux seize matrices de Dirac des matrices 4×4 constituant les premiers membres des deux équations du système obtenu sont nulles (i.e. en multipliant chacun de ces premiers membres par la matrice $\gamma_{\cdot}$ et en exprimant que la trace des trente deux matrices ainsi obtenues est nulle) on obtient respectivement les équations suivantes :

γ_o : $k\phi_o = 0$ i.e. $kI_1 = 0$

$\sum_\mu \partial_\mu \phi_\mu = 0$ i.e. $d^*A = 0$

γ_μ : $\sum_\nu \partial_\nu \phi_{\nu\mu} = -ik\phi_\mu$ i.e. $d^*F = -k^{2*}A$

$\partial_\mu \phi_o = 0$ i.e. $dI_1 = 0$

$\gamma_{\mu\nu}$: $\partial_\mu \phi_\nu - \partial_\nu \phi_\mu = ik\, \phi_{\mu\nu}$ i.e. $F = dA$

$\sum_\rho \partial_\mu \phi_{\mu\nu\rho} = 0$ i.e. $d^*\sigma = 0$

$\gamma_{\mu\nu\rho}$: $\partial_\sigma \phi_{\mu\nu\rho\sigma} = -ik\phi_{\mu\nu\rho}$ i.e. $d^*I_2 = -ik^*\sigma$

$\partial_\mu \phi_{\nu\rho} + \partial_\nu \phi_{\rho\mu} + \partial_\rho \phi_{\mu\nu} = 0$ i.e. $dF = 0$

$\gamma_{\mu\nu\rho\sigma}$: $\partial_\mu \phi_{\nu\rho\sigma} - \partial_\nu \phi_{\rho\sigma\mu} + \partial_\rho \phi_{\sigma\mu\nu} - \partial_\sigma \phi_{\mu\nu\rho} = -ik\phi_{\mu\nu\rho\sigma}$ i.e. $d\sigma = -ik\, I_2$

$$0 = 0$$

Ces équations se séparent en deux groupes, l'un constitué des 4 équations maxwelliennes et concernant les tenseurs ϕ_μ et $\phi_{\mu\nu}$, l'autre constitué des 5 équations non maxwelliennes et concernant les tenseurs $\phi_{\mu\nu\rho}$ et $\phi_{\mu\nu\rho\sigma}$, l'identité $0 = 0$ étant exclue de ces deux groupes.

Etape 3 (Equations de Maxwell avec termes de masse)

Ecrivons les formes différentielles A et F sous la forme familière

$$A = A_x\, dx + A_y\, dy + A_z\, dz - V\, cdt$$

$$F = E_x\, dx\wedge cdt + E_y\, dy\wedge cdt + E_z\, dz\wedge cdt$$

$$+ H_x\, dy\wedge dz + H_y\, dz\wedge dx + H_z\, dx\wedge dy ,$$

les formes adjointes $^*A$ et $^*F$ s'écrivant alors respectivement

$$
\begin{aligned}
{}^{*}A = {} & V\, dx \wedge dy \wedge dz \\
& - A_x\, dy \wedge dz \wedge cdt \\
& - A_y\, dz \wedge dx \wedge cdt \\
& - A_z\, dx \wedge dy \wedge cdt
\end{aligned}
$$

$$
\begin{aligned}
{}^{*}F = {} & E_x\, dy \wedge dz + E_y\, dz \wedge dx + E_z\, dx \wedge dy \\
& - H_x\, dx \wedge cdt - H_y\, dy \wedge cdt - H_z\, dz \wedge cdt\ .
\end{aligned}
$$

Alors les équations de Maxwell prennent elles aussi la forme familière

$$
\begin{array}{lll}
d^{*}A = 0 & : \quad \frac{1}{c}\, \partial_t V + \operatorname{div} A = 0 & \\
d^{*}F = -k^2\, {}^{*}A & : \operatorname{div} E = -k^2 V & \text{et} \quad \operatorname{rot} H - \frac{1}{c}\, \partial_t E = -k^2 A \\
F = dA & : H = \operatorname{rot} A & \text{et} \quad E = -\frac{1}{c}\, \partial_t A - \operatorname{grad} V \\
dF = 0 & : \operatorname{div} H = 0 & \text{et} \quad \operatorname{rot} E = -\frac{1}{c}\, \partial_t H
\end{array}
$$

Etape 4 (Equations non maxwelliennes)

Posons encore

$$
\begin{aligned}
\sigma = {} & -\sigma_4\, dx \wedge dy \wedge dz \\
& +\sigma_1\, dy \wedge dz \wedge cdt \\
& +\sigma_2\, dz \wedge dx \wedge cdt \\
& +\sigma_3\, dx \wedge dy \wedge cdt
\end{aligned}
$$

d'où

$$
{}^{*}\sigma = \sigma_1\, dx + \sigma_2\, dy + \sigma_3\, dz - \sigma_4\, cdt
$$

avec

$$
\sigma_1 = \phi_{234} \quad \sigma_2 = -\phi_{341} \quad \sigma_3 = \phi_{412} \quad \sigma_4 = i\phi_{123}
$$

et posons enfin

$$
I_2 = \phi_{1234}\, dx \wedge dy \wedge dz \wedge cdt
$$

d'où

$$^*I_2 = -\phi_{1234} .$$

Alors les équations non maxwelliennes s'écrivent, en désignant aussi bien par σ le vecteur $(\sigma_1,\sigma_2,\sigma_3)$ et par I_2 le tenseur ϕ_{1234}

$$kI_1 = 0$$

$dI_1 = 0$: $\mathrm{grad}\ I_1 = 0$ et $\frac{1}{c}\ \partial_t\ I_1 = 0$

$d^*\sigma = 0$: $\mathrm{rot}\ \sigma = 0$ et $\frac{1}{c}\ \partial_t\sigma = \mathrm{grad}\ \sigma_4$

$d^*I_2 = -ik^*\sigma$: $\mathrm{grad}\ I_2 = ik\ \sigma$ et $\frac{1}{c}\ \partial_t\ I_2 = -ik\ \sigma_4$

$d\sigma = -ik\ I_2$: $\mathrm{div}\sigma + \frac{1}{c}\ \partial_t\ \sigma_4 = -ik\ I_2$

Terminons par une remarque :

Les deux équations du système de la Proposition 5.6.1 peuvent se mettre sous la forme

$$\left(\frac{1}{c}\ \partial_t + \sum_{j=1}^{3} \alpha_j^1\ \partial_j + \frac{i}{\hbar}\ m_o\ c\ \alpha_o^1\right)\psi = 0$$

$$\left(\frac{1}{c}\ \partial_t + \sum_{j=1}^{3} \alpha_j^2\ \partial_t + \frac{i}{\hbar}\ m_i\ c\ \alpha_o^2\right)\psi = 0$$

avec $\alpha_j^1 = \alpha_j \otimes 1$, $\alpha_j^2 = 1 \otimes \alpha_j$ et semblablement $\alpha_o^1 = \alpha_o \otimes 1$, $\alpha_o^2 = 1 \otimes \alpha_o$.

On pose alors

$$H = c\ \frac{\alpha_j^1+\alpha_j^2}{2}\ p_j + m_o\ c^2\ \frac{\alpha_o^1+\alpha_o^2}{2}$$

avec $p_j = \frac{\hbar}{i}\ \partial_j$, le spin de la particule se mettant en évidence en observant que $[L,H] \neq 0$ avec $L = (L_x,L_y,L_z)$ où $L_x = yp_2-2p_y, \dots$ cycl., mais que si on pose

$$\sigma' = \sigma' \otimes 1 + 1 \otimes \sigma'$$

alors on a la relation de commutation

$$\left[L + \frac{h}{2}\sigma', H\right] = 0$$

On peut alors montrer que la particule monochromatique gouvernée par les équations maxwelliennes a dans son système propre le spin 1, et la particule monochromatique gouvernée par les équations non maxwelliennes a dans son système propre le spin 0.

5.7 OSCILLATEUR HARMONIQUE

L'oscillateur harmonique constitue un exemple fondamental où des quanta peuvent être portés par une même onde tout en étant indiscernables, ce qui entraîne que lorsque cet oscillateur est en équilibre thermique avec un thermostat, son énergie moyenne est donnée par la formule de Planck.

<u>Proposition</u> 5.7.1 (Oscillateur harmonique à une dimension) Soit l'oscillateur harmonique à une dimension de masse m et de pulsation ω, càd la diffusion sur la droite réelle régie par l'équation de Schrödinger $i\hbar\, \partial\psi/\partial t = H$ avec l'hamiltonien $(p = -i\hbar\, \partial/\partial q)$

$$H = \frac{p^2}{2m} + \frac{m\omega^2}{2} q^2 .$$

Alors la fonction d'onde, définissant cette diffusion, solution générale de cette équation est la superposition $\psi = \Sigma(\int \psi\bar{\psi}_n\, dq)\, \psi_n$ des vibrations propres

$$\psi_n(q,t) = e^{-\frac{i}{\hbar} E_n t}\ \psi_n\left(q\sqrt{\frac{m\omega}{\hbar}}\right)$$

où les $E_n (n \geq 0)$ sont les valeurs propres de l'hamiltonien H et où les $\psi_n : R \to C$ sont les fonctions propres correspondantes constituant le système orthonormé (par rapport à dq) complet d'Hermite, à savoir $(n \geq 0)$

$$E_n = (n + \frac{1}{2})\, \hbar\omega$$

$$\psi_n(x) = (2^n n!)^{-\frac{1}{2}} \left(\frac{m\omega}{\pi\hbar}\right)^{\frac{1}{4}} H_n(x)\, e^{-\frac{x^2}{2}}$$

où $x = q\sqrt{\frac{m\omega}{\hbar}}$ et où les $H_n(n\geq 0)$ sont les polynômes d'Hermite tels que

$$H_n(x)\, e^{-\frac{x^2}{2}} = (x-\frac{\partial}{\partial x})^n\, e^{-\frac{x^2}{2}}$$

Plus précisément, introduisons les opérateurs de création et d'annihilation

$$a^+ = \frac{1}{\sqrt{2}}\,(x-\frac{\partial}{\partial x}) = \frac{1}{\sqrt{2}}(\sqrt{\frac{m\omega}{\hbar}}\,q - \frac{ip}{\sqrt{m\omega\hbar}}) \qquad a = \frac{1}{\sqrt{2}}\,(x+\frac{\partial}{\partial x}) = \frac{1}{\sqrt{2}}(\sqrt{\frac{m\omega}{\hbar}}\,q + \frac{ip}{\sqrt{m\omega\hbar}})$$

satisfaisant à la relation de commutation $[a,a^+] = 1$. Alors les valeurs propres de a^+a sont les entiers $n\geq 0$, et si

$$\psi_o = (\frac{m\omega}{\pi\hbar})^{\frac{1}{4}}\, e^{-\frac{x^2}{2}}$$

désigne la fonction propre normée (par rapport à dq) associée à la valeur propre $n=0$ (i.e. $a^+a\psi_o = 0$), alors

$$\psi_n = \frac{1}{\sqrt{n!}}\,(a^+)^n\,\psi_o$$

est la fonction propre normée de a^+a associée à la valeur propre $n\geq 0$ (i.e. on a $a^+a\,\psi_n = n\,\psi_n$), donc est aussi bien la fonction propre normée de l'hamiltonien

$$H = (a^+a+\frac{1}{2})\hbar\omega$$

associée à la valeur propre E_n. Enfin on a entre fonctions propres normées consécutives les relations

$$a^+\,\psi_n = \sqrt{n+1}\,\psi_{n+1} \qquad a\,\psi_n = \sqrt{n}\,\psi_{n-1}\,.$$

<u>Démonstration</u> : Il suffit de déterminer les valeurs propres et les fonctions propres de l'hamiltonien H , et pour cela celles de l'opérateur a^+a. Cette détermination peut ainsi être fondée sur d'une part le fait que a et a^+ sont des opérateurs hermitiens adjoints l'un de l'autre et sur d'autre part la relation de commutation $[a,a^+] = 1$ résultant immédiatement de $[q,p] = i\hbar$. En effet :

Etape 1 (Système orthonormé de fonctions propres de a^+a)

Soit ψ_λ une fonction propre de a^+a associée à la valeur propre λ. Alors $a\psi_\lambda$ est une fonction propre associée à la valeur propre $\lambda-1$ puisque

$$(a^+a)\ a\psi_\lambda = (a\ a^+-1)\ a\ \psi_\lambda = a\lambda\psi_\lambda - a\psi_\lambda = (\lambda-1)\ a\ \psi_\lambda$$

tandis que $a^+\psi_\lambda$ est une fonction propre associée à la valeur propre $\lambda+1$ puisque

$$(a^+a)\ a^+\psi_\lambda = a^+(a^+a+1)\psi_\lambda = a^+\lambda\psi_\lambda + a^+\psi_\lambda = (\lambda+1)\ a^+\ \psi_\lambda$$

Itérant l'annihilation, on observe alors qu'il existe un entier n tel que $a^n\psi_\lambda \neq 0$ et $a^{n+1}\psi_\lambda = 0$. Supposons en effet que pour tout entier $n\geqslant 0$ on ait $a^n\psi_\lambda \neq 0$. Comme la relation

$$(a^+a)\ a^n\psi_\lambda = (\lambda-n)\ a^n\psi_\lambda\ ,$$

vraie pour $n=0$, est encore vraie pour tout entier $n>0$ puisque par induction

$$(a^+a)\ a^n\psi_\lambda = (aa^+-1)\ a^n\psi_\lambda = a(a^+a)\ a^{n-1}\psi_\lambda - a^n\psi_\lambda$$
$$= a(\lambda-n+1)\ a^{n-1}\psi_\lambda - a^n\psi_\lambda = (\lambda-n)\ a^n\psi_\lambda\ ,$$

on voit qu'on obtiendrait des valeurs propres négatives, ce qui est absurde puisque si ψ_λ est normée on a

$$\lambda = <\lambda\psi_\lambda,\psi_\lambda> = <a^+a\ \psi_\lambda,\psi_\lambda> = <a\ \psi_\lambda,\ a\ \psi_\lambda> \geqslant 0\ .$$

De plus, l'entier $n\geqslant 0$ ainsi déterminé est nécessairement tel que $\lambda=n$ puisque

$$0 = a(a^n\psi_\lambda) = <a\ a^n\ \psi_\lambda,\ aa^n\ \psi_\lambda>$$
$$= (\lambda-n) < a^n\ \psi_\lambda,\ a^n\ \psi_\lambda > .$$

Donc les valeurs propres de a^+a sont les entiers $n\geqslant 0$.

On obtient alors un système orthonormé de fonctions propres de a^+a en posant

$$\psi_o \quad \text{t.q.} \quad a^+a\ \psi_o = 0 \quad \text{et} \quad <\psi_o,\psi_o>= 1$$

$$\psi_1 = a^+ \psi_o$$

$$\psi_2 = \frac{1}{\sqrt{2}} a^+ \psi_1, \ldots, \psi_n = \frac{1}{\sqrt{n}} a^+ \psi_{n-1}, \ldots$$

En effet ces fonctions propres sont normées puisque par induction

$$<\psi_n, \psi_n> = \frac{1}{n} <(1+a^+a) \psi_{n-1}, \psi_{n-1}> = 1 .$$

De plus, il résulte de la relation $[a,(a^+)^n] = n(a^+)^{n-1}$ vraie pour $n=1$ et se vérifiant pour tout entier $n \geq 1$ par induction que lorsque $n>m$ on a

$$<\psi_n, \psi_m> = \frac{1}{\sqrt{n!m!}} < a^m(a^+)^n \psi_o, \psi_o >$$

$$= \frac{n}{\sqrt{n!m!}} < a^{m-1}(a^+)^{n-1} \psi_o, \psi_o>$$

$$\vdots$$

$$= \frac{n(n-1)\ldots(n-m+1)}{\sqrt{n!m!}} < (a^+)^{n-m} \psi_o, \psi_o> = 0$$

Etape 2 (Détermination de la fonction propre ψ_o)

La fonction propre ψ_o étant solution de l'équation

$$(a\ \psi_o =)\ \frac{1}{\sqrt{2}} (x+ \frac{d}{dx}) \psi_o = 0 ,$$

on a nécessairement $\psi_o = A \exp(-x^2/2)$ où la constante de normalisation A est telle que $\int \psi_o^2\, dq \ (\equiv \sqrt{\frac{\hbar}{m\omega}} \int \psi_o^2\, dx) = 1$.

Ainsi nécessairement $|A|^2 = \sqrt{\frac{m\omega}{\pi\hbar}}$ d'où $A = e^{i\theta} (\frac{m\omega}{\pi\hbar})^{\frac{1}{4}}$.

Mais puisque la phase de ψ_o est arbitraire, on peut prendre $\theta = 0$.

La diffusion de l'oscillateur harmonique est donc régie par une fonction d'onde $\psi = \Sigma R(n) \psi_n$ dont la fonction de répartition R est constituée des produits scalaires $R(n) = \int \psi\bar{\psi}_n\, dq$ indépendants du temps puisque d'après l'équation de Schrödinger on a $\partial R(n)/\partial t = 0$. En d'autres termes, les vibrations propres restent indépendantes les unes des autres.

Mais supposons maintenant que l'oscillateur soit perturbé par un champ, la diffusion étant ainsi régie par une fonction d'onde $\psi = \Sigma R(n,t)\ \psi_n$ solution de l'équation de Schrödinger translatée

$$i\hbar \frac{\partial\psi}{\partial t} = (H+V)\psi \qquad \text{avec} \qquad H = \frac{p^2}{2m} + \frac{m\omega^2}{2} q^2 .$$

L'équation d'évolution de la fonction de répartition R est alors

$$i\hbar \frac{R(n,t)}{\partial t} = \sum_{m\geq 0} < \psi_n, V\psi_m > R(m,t) ,$$

de sorte que non seulement la répartition $R(n,t)$ de chaque vibration propre dépend maintenant du temps , mais de plus les vibrations propres ne restent plus nécessairement indépendantes les unes des autres puisque l'oscillateur n'est plus nécessairement linéaire. C'est le cas par exemple si $V = q\sqrt{m\omega/2\hbar} = a+a^+$ puisqu'ainsi $(n\geq 1)$

$$i\hbar \frac{\partial R(n,t)}{\partial t} = \sqrt{n}\ R(n-1,t) + \sqrt{n+1}\ R(n+1,t)$$

Mais l'interaction des vibrations propres peut encore s'obtenir en mettant l'oscillateur harmonique en contact avec un thermostat, de sorte que la répartition des vibrations propres tende vers la loi de Boltzmann. On obtient alors le résultat célèbre suivant :

Proposition 5.7.2 (Formule de Planck) Soit un oscillateur harmonique de pulsation $\omega = 2\pi\nu$, gouverné par l'équation de Schrödinger avec l'hamiltonien translaté

$$H = \frac{p^2}{2m} + \frac{m\omega^2}{2} q^2 - \frac{\hbar\omega}{2} ,$$

en équilibre thermique avec un thermostat à la température absolue T de sorte que la répartition de l'énergie E_ν de ses vibrations propres est donnée par la loi canonique de Boltzmann

$$\text{Prob}\ \{E_\nu = nh\nu\} = \text{const.}\ e^{-\frac{nh\nu}{kT}} ,$$

$h = 2\pi\hbar$ étant la constante de Planck et k celle de Boltzmann.

Alors l'espérance $\overline{E}_\nu$ de l'énergie de l'oscillateur est donnée par la formule de Planck

$$\overline{E}_\nu = \frac{h\nu}{e^{h\nu/kT}-1}$$

Démonstration : Puisque la n-ème valeur propre de l'hamilnotien H ci-dessus est $E_n = nh\nu$, on a effectivement

$$\overline{E}_\nu = \frac{\sum_{n\geq 0} nh\nu e^{-nh\nu/kT}}{\sum_{n\geq 0} e^{-nh\nu/kT}} = \frac{h\nu}{e^{h\nu/kT}-1}$$

Revenons maintenant à l'équation d'évolution de la fonction de répartition R , que nous pouvons écrire sous forme matricielle

$$\frac{dR}{dt} = AR$$

en posant $A = V/i\hbar$ et $V = (V_{nm})$ où $V_{nm} = \langle\psi_n, V\psi_m\rangle$. Formellement, càd sans aborder les questions de convergence, on peut alors résoudre cette équation de la manière suivante :

Proposition 5.7.3 (Développement de Feynman-Dyson) Soit l'équation intégrale

$$R(t) = \int_{-\infty}^{t} A(s)\ R(s)ds + R(-\infty)\ .$$

On a alors le développement

$$R(t) = \sum_{n\geq 1} \frac{1}{n!} \int_{-\infty}^{t} \cdots \int_{-\infty}^{t} TA(t_1 \ldots t_n)\ R(-\infty)\ dt_1 \ldots dt_n + R(-\infty)$$

T désignant l'opérateur t.q. $TA(t_1 \ldots t_n) = A(t_{\sigma(n)}) \ldots A(t_{\sigma(1)})$ où est une permutation des indices $1,\ldots,n$ t.q. $t_{\sigma(n)} \geq \ldots \geq t_{\sigma(1)}$.

Démonstration : On a par approximations successives

$$R_o(t) \equiv R(-\infty)$$

$$R_1(t) = \int_{-\infty}^{t} A(s_o)\, R_o(s_o)\, ds_o + R_o$$

.
.
.

$$R_{n+1}(t) = \int_{-\infty}^{t} A(s_n)\, R_n(s_n)\, ds_n + R_o$$

d'où

$$\begin{aligned} R_{n+1}(t) - R_n(t) &= \int_{-\infty}^{t} A(s_n)\, \left[R_n(s_n)-R_{n-1}(s_n)\right] ds_n \\ &= \int_{-\infty}^{t} A(s_n)\, ds_n \int_{-\infty}^{s_n} A(s_{n-1})\, \left[R_{n-1}(s_{n-1})-R_{n-2}(s_{n-1})\right] ds_{n-1} \\ &\;\;\vdots \\ &= \int_{-\infty}^{t} ds_n \int_{-\infty}^{s_n} ds_{n-1} \cdots \int_{-\infty}^{s_1} ds_o\, A(s_n)\, A(s_{n-1}) \cdots A(s_o)\, R_o(s_o) , \end{aligned}$$

d'où si on introduit maintenant l'opérateur T

$$= \frac{1}{(n+1)!} \int_{-\infty}^{t} \cdots \int_{-\infty}^{t} TA(t_1 \ldots t_{n+1})\, R_o(s_o)\, dt_1 \ldots dt_{n+1} ,$$

le coefficient $1/n+1)!$ venant des $(n+1)!$ permutations des indices $1,\ldots,n+1$. On a donc finalement

$$\begin{aligned} R(t) &= \sum_{n\geq 1} \left[R_n(t)-R_{n-1}(t)\right] + R_o \\ &= \sum_{n\geq 1} \frac{1}{n!} \int_{-\infty}^{t} \cdots \int_{-\infty}^{t} TA(t_1 \ldots t_n)\, R_o\, dt_1 \ldots dt_n + R_o , \end{aligned}$$

ce qui n'est autre que le développement annonċé généralisant le développement de l'exponentielle $\exp(At)$.

On utilise un tel développement en particulier dans l'étude des interactions électromagnétiques, en partant de l'équation de Dirac translatée, les différents termes de perturbation figurant dans le développement se classant à l'aide des diagrammes de Feynman.

6 EQUATIONS DE LAGRANGE ET DE HAMILTON

L'existence des fronts d'onde entraîne que les trajectoires moyennes courbes intégrales du champ des vitesses moyennes $v = 2^{-1}(v_+ + v_-)$, qui coïncident avec les rayons (orthogonaux aux fronts d'onde) de la diffusion lorsque cette diffusion est libre, rendent stationnaire l'intégrale d'action hamiltonienne

$$\int_{q_1}^{q_2} L dt .$$

Ce résultat général, valable en particulier pour le processus de Wiener, est développé ici dans le cas particulier du mouvement brownien relativiste sur une variété M qui est soit l'espace de Minkowski, ou plus généralement l'un des espaces $M \times SL(2,C)^n$.

6.1. EQUATIONS DE LAGRANGE

Le fait que la forme différentielle $\omega_2 = \langle p, dq \rangle$ est exacte entraîne que l'intégrale $\int \omega_2$ de cette forme le long d'une courbe ne dépend que des extrémités de cette courbe. Il en résulte que pour toute courbe l'intégrale ci-dessus est stationnaire, de sorte que la fonction

$$L(q,\dot{q}) = \langle p(q), \dot{q} \rangle \quad (= p_i(q)\,\dot{q}^i)$$

où le moment p est factorisé à travers le point q et où $\dot{q}$ désigne un vecteur (de composantes $\dot{q}^i$) tangent en q à la variété M , satisfait identiquement aux équations variationnelles d'Euler-Lagrange

$$\frac{d}{dt}(L_{\dot{q}}) - L_q = 0 ,$$

où t désigne le temps paramètre (on pourrait prendre aussi bien le temps minkowskien) et où $\mathcal{L}_q = \partial\mathcal{L}/\partial q$, $\mathcal{L}_{\dot q} = \partial\mathcal{L}/\partial\dot q$.

En particulier, les trajectoires moyennes courbes intégrales du champ des vitesses moyennes $v = 2^{-1}(v_+ + v_-)$ satisfont aux équations variationnelles ci-dessus. Cependant le long de ces trajectoires moyennes (et de ces trajectoires seulement) on a dans le calcul variationnel $\dot q = v$. Si donc on défactorise v et qu'on exprime ainsi le moment p en fonction de $(q,\dot q)$, on obtient une nouvelle fonction

$$L(q,\dot q) = \langle p(q,\dot q),\dot q\rangle$$

appellée lagrangien et telle que le long des trajectoires moyennes ón a non seulement $\mathcal{L} = L$, mais encore

$$\mathcal{L}_q = L_q \qquad \mathcal{L}_{\dot q} = L_{\dot q}$$

où $L_q = \partial L/\partial q$ et $L_{\dot q} = \partial L/\partial\dot q$ comme il est aisé de le vérifier. Ainsi les trajectoires moyennes satisfont aussi aux équations de Lagrange

$$\frac{d}{dt}(L_{\dot q}) - L_q = 0$$

et rendent donc stationnaire l'intégrale d'action hamiltonienne

$$\int_{q_1}^{q_2} L(q(t),\dot q(t))\, dt$$

dans laquelle les extrémités q_1 et q_2 sont fixées. Mais en fait, la situation est maintenant différente car cette intégrale est en particulier strictement minimale sur la trajectoire moyenne du mouvement brownien relativiste libre lorsque les extrémités q_1 et q_2 sont fixées assez voisines. La raison simple en est évidemment que sur un arc de trajectoire moyenne assez petit pour être assimilé à un segment de droite parcouru à vitesse v constante, l'intégrale d'action hamiltonienne se réduisant sur ce segment de droite à $\langle Mv,v\rangle\, dt$ y est effectivement minimale puisque le moment $p = Mv = M_o v/\sqrt{1-\beta^2}$ où $\beta = v/c$ devient sur la trajectoire variée $M\dot q = M_o\dot q/\sqrt{1-\beta^2}$ où $\beta = \dot q/c$, et que $\dot q^2 = \langle\dot q,\dot q\rangle$ est en moyenne strictement plus grand sur la trajectoire variée que sur le segment de droite puisque ces deux trajectoires sont parcourues dans le même intervalle de temps dt .

Nous poserons donc la définition suivante :

Définition 6.1.1 (Lagrangien) On appelle lagrangien du mouvement brownien relativiste (translaté par le champ A) l'application $L : TM \to R$, où TM désigne le fibré tangent à la variété M et d'élément générique $(q,\dot{q})$, telle que $(\beta = \dot{q}/c)$

$$L(q,\dot{q}) = \left\langle \frac{M_o \dot{q}}{\sqrt{1-\beta^2}} + A,\ \dot{q} \right\rangle$$

$$= -M_o c^2 \sqrt{1-\beta^2} + \langle A,\dot{q}\rangle$$

En particulier, le long de toute trajectoire moyenne courbe intégrale du champ des vitesses moyennes $v = 2^{-1}(v_+ + v_-)$ on a

$$L = -M_o c^2 \sqrt{1-\beta^2} + \langle A,v\rangle \quad \text{avec} \quad \beta = v/c.$$

On peut donc vérifier directement que les équations de Lagrange sont satisfaites pour toute trajectoire moyenne, et que ces équations coïncident avec les équations du mouvement brownien relativiste données au chapitre précédent.

Proposition 6.1.1 (Equations de Lagrange, principe variationnel de Hamilton) Toute trajectoire moyenne courbe intégrale du champ des vitesses moyennes $v = 2^{-1}(v_+ + v_-)$ est solution des équations de Lagrange

$$\frac{d}{dt}(L_{\dot{q}^i}) - L_{q^i} = 0 \quad (i=0,1,2,3,\ldots)$$

où $q = (q^o = ict, q^j) \in M$ avec $j=1,2,3\ldots$ et où $L_{q^i} = \partial L/\partial q^i$, $L_{\dot{q}^i} = \partial L/\partial \dot{q}^i$.

Il en résulte que l'intégrale d'action hamiltonienne

$$\int_{q_1}^{q_2} L(q(t),\dot{q}(t))\, dt ,$$

où $L(q(t),\dot{q}(t))$ est la valeur du lagrangien le long d'une trajectoire $t \to q(t)$ joignant les points fixes $q_1 = q(t_1)$ et $q_2 = q(t_2)$ dans l'intervalle de temps fixé $T = [t_1,t_2]$ avec la vitesse $\dot{q}(t)$ en $q(t)$, est stationnaire lorsque cette trajectoire est une trajectoire moyenne, sa valeur étant alors $\hbar(S(q_2)-S(q_1))$ où $\omega_2 = d\hbar S$.

Démonstration : Les équations de Lagrange se vérifient directement, il suffit d'observer que le long d'une trajectoire moyenne on a

$$L_q = -c^2 \sqrt{1-\beta^2} \frac{\partial M_o}{\partial q} , \quad L_{\dot q} = Mv .$$

Il reste donc à rappeler que l'intégrale d'action hamiltonienne est stationnaire si et seulement si la trajectoire $t \to q(t)$ est solution des équations de Lagrange. Suivant un calcul simple et classique, soit alors $t \to \gamma_o(t)$ une trajectoire et $t \to \gamma_1(t)$ une trajectoire variée définies sur le même intervalle temporel $T = [t_1, t_2]$ et de mêmes extrémités fixes $q_1 (= \gamma_o(t_1) = \gamma_1(t_1))$ et $q_2 (= \gamma_o(t_2) = \gamma_1(t_2))$. On posera $q = \gamma_o$, $\partial q = \gamma_1 - \gamma_o$, $\frac{dq}{dt} = \dot q$ et

$$\frac{d}{dt} \partial q = \partial \frac{dq}{dt} = \partial \dot q .$$

La variation de l'intégrale ci-dessus est donc égale à

$$\partial \int_{t_1}^{t_2} L(q(t), \dot q(t))\, dt = \int_{t_1}^{t_2} \partial L(q(t), \dot q(t)) dt$$

$$= \int_{t_1}^{t_2} \left[L_{q^i} \partial q^i + L_{\dot q^i} \partial \dot q^i\right] dt$$

d'où en intégrant par parties

$$= L_{\dot q^i} \partial q^i \Big|_{t_1}^{t_2} + \int_{t_1}^{t_2} \left[L_{q^i} - \frac{d}{dt} (L_{\dot q^i})\right] \partial q^i dt .$$

Comme les extrémités des trajectoires γ_o et γ_1 sont supposées fixes, le premier terme de ce dernier membre est nul, ce qui achève la démonstration.

6.2. EQUATIONS DE HAMILTON

Le lagrangien L est défini en fonction des coordonnées q^i, $\dot{q}^i$ de l'élément générique $(q,\dot{q})$ du fibré TM tangent à la variété M, q désignant l'élément générique de M et $\dot{q}$ celui du vectoriel tangent à M en q. En d'autres termes ces coordonnées q^i, $\dot{q}^i$ y sont considérées comme variables indépendantes. Nous allons maintenant prendre comme variables indépendantes les coordonnées q^i, p_i de l'élément générique (q,p) du fibré T^*M cotangent à la variété M, q désignant l'élément générique de M et p celui du vectoriel dual du vectoriel tangent à M en q. Le passage d'un système de coordonnées à l'autre s'appelle la transformation de Legendre.

Proposition 6.2.1 (Equations de Hamilton) Dans le changement de coordonnées $(q,\dot{q}) \longrightarrow (q,p)$ défini par les relations (transformation de Legendre)

$$p_j = L_{\dot{q}^j} \qquad H(q,p) = p_j\dot{q}^j - L \ (= E)$$

les équations de Lagrange se transforment en les équations de Hamilton

$$\frac{dp_j}{dt} = -\frac{\partial H}{\partial q^j} \quad \text{avec} \quad \frac{dq^j}{dt} = \frac{\partial H}{\partial p_j}$$

Démonstration : On a

$$\frac{\partial H}{\partial q^j} = p_k \frac{\partial \dot{q}^k}{\partial q^j} - L_{q^j} - L_{\dot{q}^k} \frac{\partial \dot{q}^k}{\partial q^j} = -L_{q^j} = -\frac{d}{dt} p_j \ ,$$

la dernière égalité résultant des équations de Lagrange. Et d'autre part on a

$$\frac{\partial H}{\partial p_j} = \dot{q}^j + p_k \frac{\partial \dot{q}^k}{\partial p_j} - L_{\dot{q}^k} \frac{\partial \dot{q}^k}{\partial p_j} = \dot{q}^j = \frac{d}{dt} q^j \ .$$

Enfin, on peut observer directement sur l'expression explicite du lagrangien que les moments $p_j = L_{\dot{q}^j}$ de la transformation de Legendre coïncident avec les moments p_j de la forme ω_2, de sorte que le hamiltonien H est égal à l'énergie E.

Par exemple, dans le cas du mouvement brownien relativiste (libre) dans l'espace de Minkowski M , la relation énergétique étant

$$\frac{H^2}{c^2} - \langle p,p\rangle_N = M_o^2\, c^2 \quad (= m_o^2\, c^2 - Q)$$

où N est le sous-vectoriel réel de M et où $Q = \hbar^2\, e^{-R}\Box e^R$, le hamiltonien est $H = c\,\sqrt{M_o^2 c^2 + p^2}$ où $p^2 = \langle p,p\rangle_N$, et les équations de Hamilton sont

$$\frac{dp_j}{dt} = c^2\,\sqrt{1-\beta^2}\;\frac{\partial M_o}{\partial q^j} \quad \text{et} \quad \frac{dq^j}{dt} = \frac{cp_j}{\sqrt{M_o^2 c^2 + p^2}}$$

De la seconde équation on déduit que $(M_o^2 c^2 + p^2)v^2 = c^2 p^2$ où $v^2 = \langle v,v\rangle_N$. Il en résulte que

$$p_j = \frac{M_o v_j}{\sqrt{1-\beta^2}} = Mv_j \qquad \text{avec} \qquad M = \frac{M_o}{\sqrt{1-\beta^2}}\,,\beta = \frac{v}{c}\,.$$

Par la transformation de Legendre $(q,p) \to (q,\dot q)$ on obtient donc $H = Mc^2$ $(=E)$, et on retrouve ainsi inversement le lagrangien $(\beta = \dot q/c)$

$$L = p_j\dot q^j - H = M\dot q^2 - Mc^2 = -M_o c^2\sqrt{1-\beta^2}\,,$$

les équations de Hamilton ci-dessus devenant respectivement

$$\frac{d}{dt}(L_{\dot q^j}) = L_{q^j} \qquad \text{et} \qquad \frac{dq^j}{dt} = \dot q^j\,.$$

6.3. DEFACTORISATION ET INVARIANTS INTEGRAUX

Dans le principe de correspondance, les fronts d'onde définis par la forme ω_2 deviennent lorsque $\hbar\to 0$ les fronts d'onde de la théorie d'Hamilton-Jacobi dans laquelle, comme pour le mouvement brownien relativiste, les observables (masse, vitesse,...) sont exprimées explicitement en fonction des coordonnées du point de la variété considérée $(M, M\times SL(2,C),\ldots)$ ou comme on dira brièvement, y sont factorisées à travers les coordonnées de cette variété.

Mais on peut considérer les équations de Lagrange ou de Hamilton directement, définissant ainsi a priori le mouvement d'un point matériel. Par exemple, on peut dans le principe variationnel de Hamilton considérer les trajectoires différentiables joignant deux points fixes quelconques (et non plus seulement sur une même trajectoire moyenne) $q_1, q_2 \in M$, la trajectoire rendant stationnaire l'intégrale d'action hamiltonienne (donc solution des équations de Lagrange) pouvant être considérée comme celle d'un point matériel. Ici les observables (masse, vitesse,...) ne sont plus factorisées comme ci-dessus mais définies implicitement par les équations du mouvement et les conditions aux limites, aussi nous dirons que le mouvement a été défactorisé.

On peut aussi défactoriser directement les équations de Lagrange des trajectoires moyennes de la diffusion. Si on procède ainsi, on fait abstraction des fronts d'onde et on considère la particule (définie comme partie de l'onde) comme devenue ponctuelle. Dans cette défactorisation, les fronts d'onde ne sont plus toujours définis. Aussi dans les deux cas la forme ω_2 n'est-elle plus généralement exacte mais seulement invariante. Plus précisément on obtient le résultat classique suivant :

Proposition 6.3.1 (Invariance relative de la forme ω_2 après défactorisation)
La forme de Poincaré-Cartan

$$\omega_2 = p_j \, dq^j - E dt = \langle p, dq \rangle$$

est un invariant relatif dans le mouvement défactorisé régi par les équations de Lagrange en ce sens que son intégrale curviligne ω_2 le long d'une courbe fermée C sous-variété de M est invariante dans ce mouvement.

Démonstration : Soit C_1 une courbe fermée dans M constituée de positions initiales occupées à l'instant t_1, les conditions initiales étant déterminées par la donnée de la forme ω_2 le long de cette courbe, et soit C_2 sa transformée dans le mouvement régi par les équations de Lagrange constituée des positions occupées à l'instant t_2.

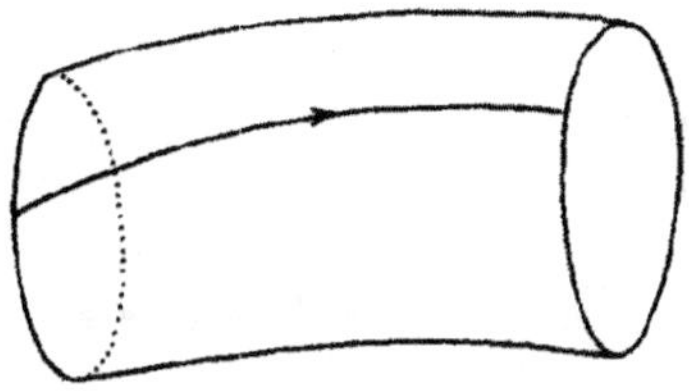

Il suffit dès lors de reprendre le calcul de la variation de l'intégrale d'action hamiltonienne, à savoir $(p_i = L_{\dot{q}^i})$

$$\partial \int_{t_1}^{t_2} L(q(t),\dot{q}(t))dt = p_i \ \partial q^i \Big|_{t_1}^{t_2} + \int_{t_1}^{t_2} \left[L_{q^i} - \frac{d}{dt}(L_{\dot{q}^i})\right] \partial q^i \ dt \ ,$$

et d'intégrer cette relation le long des courbes C transformées dans le mouvement entre les instants t_1 et t_2 de la courbe initiale pour obtenir l'invariance de l'intégrale curviligne $\int p_i \ \partial q^i = \int \omega_2$.

On en déduit par le théorème de Stokes que l'intégrale

$$\int_S d\omega_2 \ (= \int_C \omega_2)$$

étendue à une surface S (de frontière C) de la différentielle extérieure $d\omega_2$ de la forme de Poincaré-Cartan est elle-même invariante dans le mouvement. On dit alors que $d\omega_2$ est un invariant absolu (la surface S étant quelconque, càd fermée ou non) par opposition au fait que ω_2 est un invariant relatif (càd relatif aux courbes fermées).

Enfin, le mouvement de particules ponctuelles régi par les équations de Hamilton défactorisées est incompressible dans l'espace d'extension-en-phase T^*M :

<u>Proposition</u> 6.3.2 (Théorème de Liouville) La divergence dans l'espace T^*M d'élément générique (q,p) de la vitesse $(\dot{q},\dot{p})$ d'une particule ponctuelle dont le mouvement est régi par les équations de Hamilton défactorisées est

nulle. En d'autres termes on a

$$\sum_i \left(\frac{\partial \dot{q}^i}{\partial q^i} + \frac{\partial \dot{p}_i}{\partial p_i}\right) = 0$$

Démonstration : La relation ci-dessus résulte immédiatement des équations de Hamilton.

6.4. LA DIFFERENTIELLE EXTERIEURE $d\omega_2$

Dans les formalismes hamiltoniens et lagrangiens défactorisés, l'invariant absolu $d\omega_2$ joue lui-même d'une manière sous-jacente un rôle remarquable que nous allons brièvement rappeller dans cette section en supposant connus les éléments du calcul sur les formes différentielles (dérivée de Lie, dérivation extérieure et produit intérieur).

Reprenons le calcul de la variation de l'intégrale d'action hamiltonienne en considérant une famille continue de trajectoires $\phi_s = (\gamma_s, \dot{\gamma}_s)$ où $s \in R$ variées de la trajectoire $\phi_o = (\gamma_o, \dot{\gamma}_o)$ dans le fibré tangent TM d'élément générique $(q, \dot{q})$ et définies sur le même intervalle temporel $T = [t_1, t_2]$. Soit alors X le champ de vecteurs défini sur la trajectoire ϕ_o par la relation

$$X(\phi_o(t)) = \lim_{s \to 0} \frac{\phi_s(t) - \phi_o(t)}{s} .$$

Ainsi X est le vecteur tangent à la courbe $s \to \phi_s(t)$ en $s=0$ lorsque le temps (paramètre ou minkowskien) t est fixé. La dérivée de la forme $\phi_s^* \omega_2$ factorisée de ω_2 à travers ϕ_s (i.e. de la forme ω_2 dans laquelle on a effectué le changement de variable $q \to \gamma_s(t)$, $\dot{q} \to \dot{\gamma}_s(t)$) dans la direction X , càd le tempstétant fixé, est alors

$$\frac{d}{ds} \phi_s^* \omega_2 \Big|_{s=0} = d\, \phi_o^* i_X \omega_2 + \phi_o^* i_X d\omega_2$$

où dans le second membre ϕ_o^* désigne la factorisation à travers ϕ_o , d la différentielle extérieure et $i_X\alpha$ le produit intérieur de la forme $\alpha(=\omega_2$ ou $d\omega_2)$ par le vecteur X . (Pour montrer cette relation vraie pour toute forme ω définie sur M et que l'on comparera avec la relation $L_X = di_X + i_X d$ entre la dérivée de Lie L_X dans la direction X , la différentielle extérieure d et le produit intérieur i_X dans la direction X , il suffit d'abord de la vérifier pour toutes les formes de degré 0 , puis la supposant vraie pour les formes de degré $\leq k$, de l'établir pour leurs produits et leurs différentielles extérieurs). La dérivée dans la direction X de l'intégrale d'action hamiltonienne effectuée sur les courbes variées est alors, en observant que $\phi_s^* \omega_2 = L(\gamma_s(t),\dot{\gamma}_s(t))dt$ où ici $\dot{\gamma}_s$ est la vitesse le long de γ_s par définition même de ϕ_s ,

$$\frac{d}{ds} \int_T \phi_s^* \omega_2 \Big|_{s=0} = \int_T \frac{d}{ds} \phi_s^* \omega_2 \Big|_{s=0}$$

$$= \int_T d\, \phi_o^* i_X \omega_2 + \int_T \phi_o^* i_X d\omega_2$$

$$= \int_{\partial T} \phi_o^* i_X \omega_2 + \int_T \phi_o^* i_X d\omega_2 .$$

L'expression ainsi trouvée n'est d'ailleurs autre que celle donnée ci-dessus dans laquelle $X = (\partial q, \partial\dot{q})$. En effet, d'une part $i_X \omega_2 = p_i \partial q^i$, de sorte que

$$\int_{\partial T} \phi_o^* i_X \omega_2 = p_i \partial q^i \Big|_{t_1}^{t_2} .$$

Et d'autre part, puisque

$$\omega_2 = p_i dq^i - (p_i \dot{q}^i - L)dt$$

$$= p_i(dq^i - \dot{q}^i dt) + Ldt$$

où dt est la différentielle du temps paramètre, son coefficient $p_i \dot{q}^i - L$ étant identiquement nul, on a $(p_i = L_{\dot{q}^i})$

$$d\omega_2 = (dp_i - L_{q^i}dt) \wedge (dq^i - \dot{q}^i dt)$$

$$i_X\, d\omega_2 = i_X\, dp_i \wedge (dq^i - \dot{q}^i dt)$$

$$- (dp_i - L_{q^i}dt)\, \partial q^i$$

$$\phi_o^* \, i_X\, d\omega_2 = \left[L_{q^i} - \frac{d}{dt}(L_{\dot{q}^i})\right] \partial q^i dt \; .$$

Ainsi l'intégrale d'action hamiltonienne sera stationnaire lorsqu'en particulier $\phi_o^*\ i_X\ d\omega_2 = 0$ pour tout champ X, ce qui implique que les équations de Lagrange soient satisfaites, et donc aussi les équations de Hamilton.

De plus, la forme ω_2 est un invariant relatif tandis que la forme $d\omega_2$ est un invariant absolu car en introduisant le vecteur $V = \dot{q}^i\ \partial/\partial q^i + \dot{p}_i\ \partial/\partial p_i$ de dérivation par rapport au temps minkowskien en coordonnées (q,p) on a directement (ou en reprenant l'expression de ω_2 ci-dessus dans laquelle dt est maintenant la différentielle du temps minkowskien, de sorte qu'alors $i_V dt = 1$)

$$L_V\, \omega_2 = di_V\, \omega_2 + i_V\, d\omega_2$$

$$= di_V\, \omega_2$$

$$= d\mathcal{L} \; ,$$

$$L_V\, d\omega_2 = dL_V\, \omega_2 = 0 \; ,$$

la nullité du terme $i_V\ d\omega_2$ résultant des équations de Hamilton (ou des équations de Lagrange si on reprend l'expression de ω_2 ci-dessus), de sorte que pour toute courbe fermée C et toute surface S de frontière C on a

$$L_V \int_C \omega_2 = \int_C d\mathcal{L} = \int_{\partial C} \mathcal{L} = 0 \quad (\text{car } \partial C = \emptyset)$$

$$L_V \int_S d\omega_2 = 0 \; .$$

D'où d'ailleurs, puisque $L_V(d\omega_2)^n = (\mathrm{div}\,V)(d\omega_2)^n$, le théorème de Liouville d'incompressibilité du volume d'extension-en-phase $(d\omega_2)^n$ où $n = \dim M$

$$L_V(d\omega_2)^n = 0 .$$

Revenons alors sur le fait que $i_V d\omega_2 = 0$. Explicitement on a

$$\begin{aligned} i_V d\omega_2 &= i_V(dp_j \wedge dq^j - dH \wedge dt) \\ &= (\dot p_j + H_{q^j})dq^j - (\dot q^j - H_{p_j})dp_j \\ &\quad - (H_{q^j}\,\dot q^j + H_{p_j}\,\dot p^j)dt , \end{aligned}$$

avec $H_{q^j} = \partial H/\partial q^j$ et $H_{p_j} = \partial H/\partial p_j$, la nullité de cette expression résultant bien des équations de Hamilton. Si d'ailleurs on passe en coordonnées $(q^j, \dot q^j, t)$ par la transformation de Legendre, alors $V = \partial/\partial t + \dot q^j\, \partial/\partial q^j + q^j\, \partial/\partial \dot q^j$ et on obtient

$$d\omega_2 = dL_{\dot q^j} \wedge dq^j - d(L_{\dot q^j}\,\dot q^j - L) \wedge dt$$

$$i_V d\omega_2 = \left[\frac{d}{dt}(L_{\dot q^j}) - L_{q^j}\right](dq^j - \dot q^j dt) = 0$$

Inversement, si on résout la relation

$$i_V\, d\omega_2 = 0$$

dans le système de coordonnées (q^j, p_j, t) en posant a priori $V = q'^j\, \partial/\partial q^j + p_j'\, \partial/\partial p_j + \partial/\partial t$, càd en imposant la condition de normalisation $i_V\, dt = 1$, alors on obtient

$$\begin{aligned} 0 = i_V\, d\omega_2 &= (H_{q^j} + p_j')\, dq^j + (H_{p_j} + q'^j)\, dp_j \\ &\quad - (q'^j\, H_{q^j} + p_j'\, H_{p_j})\, dt , \end{aligned}$$

de sorte que toute courbe intégrale $t \rightarrow (q(t),p(t),t)$ du champ V ainsi déterminé satisfait aux équations de Hamilton puisqu'alors $dq^j/dt = q'^j$ et $dp_j/dt = p'_j$. Et si par transformation de Legendre on résout cette même relation dans le système de coordonnées $(q^j,\dot{q}^j,t)$, alors en posant a priori $V = q'^j\, \partial/\partial q^j + \dot{q}'^j\, \partial/\partial \dot{q}^j + \partial/\partial t$ on obtient

$$0 = i_V\, d\omega_2 = (\dot{q}^j L_{\dot{q}^j \dot{q}^k} - q'^j L_{\dot{q}^j \dot{q}^k})\, d\dot{q}^k + \ldots$$

les termes non explicités étant en dq^j et en dt , d'où puisque $\det L_{\dot{q}^j\dot{q}^k} \neq 0$ nécessairement $q'^j = \dot{q}^j$. Compte tenu de cette relation entre les coordonnées q^j et $\dot{q}^j$ on obtient

$$0 = i_V\, d\omega_2 = (q'^k L_{\dot{q}^j q^k} + \dot{q}'^k L_{\dot{q}^j \dot{q}^k} + L_{\dot{q}^j t} - L_{q^j})(dq^j - \dot{q}^j dt)$$

de sorte que toute courbe intégrale $t \rightarrow (q(t),\dot{q}(t),t)$ du champ V ainsi déterminé satisfait aux équations (du second ordre) de Lagrange puisqu'alors $dq^j/dt = q'^j$ et $d\dot{q}^j/dt = d^2q^j/dt^2 = \dot{q}'^j$.

6.5. CAS DU PROCESSUS DE WIENER

Dans le cas du processus de Wiener dans l'espace euclidien à trois dimensions, on a

$$\omega_2 = \langle \frac{q}{2t}, dq\rangle - \frac{\langle q,q\rangle - 3t}{4t^2}\, dt$$

$$\mathcal{L} = \langle \frac{q}{2t}\, , \dot{q}\rangle - \frac{\langle q,q\rangle - 3t}{4t^2}$$

$$L = \langle \dot{q}, \dot{q}\rangle - \frac{\langle q,q\rangle - 3t}{4t^2}$$

$$\mathcal{L}_q = \frac{\dot{q}}{2t} - \frac{q}{2t^2} \qquad \mathcal{L}_{\dot{q}} = \frac{q}{2t}$$

$$L_q = -\frac{q}{2t^2} \qquad L_{\dot{q}} = 2\dot{q}$$

On observera donc que la relation ci-dessus $p = L_{\dot{q}}$ de la transformation de Legendre n'est pas générale puisqu'elle n'est pas satisfaite ici. Sur les trajectoires moyennes on a non seulement $L = \mathcal{L}$, mais encore

$$L_{\dot q} = 2\mathcal{L}_{\dot q} \qquad L_q = 2\mathcal{L}_q ,$$

d'où les équations de Lagrange que l'on peut vérifier directement

$$\frac{d}{dq}(L_{\dot q}) - L_q \equiv 2\ddot q + \frac{q}{2t^2} = 0 .$$

Par défactorisation, on obtient la famille de trajectoires moyennes

$$q = (a \log t + b)\sqrt{t}$$

auxquelles correspondent les vitesses moyennes

$$v = \frac{a}{\sqrt{t}} + \frac{q}{2t} ,$$

les vecteurs a et b , nécessairement constants le long de chaque trajectoire moyenne, restant à déterminer. On peut ainsi construire des diffusions d'accroissement $dX_t = dW_t + v_+ dt$ avec foyer (virtuel) initial et ayant encore des fronts d'onde puisque le rotationnel du vecteur d'entraînement v_+ est nécessairement nul. Par contre en translatant la forme ω_2 par un champ de rotationnel non nul puis défactorisation, on peut détruire le foyer initial et obtenir des diffusions sans fronts d'onde dont la forme $d\omega_2$ est un invariant relatif.

APPENDICES

A. 0 HOW TO ATTACKLE THE TECHNICALITIES

"The learner, who whishes to try the question *fairly*, whether this little book does, or does not, supply the materials for a most interesting mental recreation, is *earnestly* advised to adopt the following Rules :

1. Begin at the *beginning*, and do not allow yourself to gratify a mere idle curiosity by dipping into the book, here and there. This would very likely lead to your throwing it aside, with the remark "This is *much* too hard for me !", and thus losing the chance of adding a very *large* item to your stock of mental delights...

2. Don't begin any fresh Chapter, or Section, until you are certain that you *thoroughly* understand the whole book *up to that point*, and that you have worked, correctly, most if not all of the examples which have been set... Otherwise, you will find your state of puzzlement get worse and worse as you proceed, till you give up the whole thing in utter disgust.

3. When you come to a passage you don't understand, *read it again* : if you *still* don't understand it, *read it again* : if you fail, even after *three* readings, very likely your brain is getting a little tired. In that case, put the book away, and take to other occupations, and next day, when you come to it fresh, you will very likely find that it is *quite* easy".

from LEWIS CARROLL

A.1 UNE PROPRIETE CARACTERISTIQUE DU MOUVEMENT BROWNIEN

La propriété caractéristique suivante du mouvement brownien est une extension d'une propriété caractéristique déjà donnée (Proposition 2.3.1)

Proposition (Propriété caractéristique du mouvement brownien) Soit $B_t\,(0 \leq t \leq 1)$ un processus à valeurs dans R et une famille monotone croissante de σ-algèbres $\mathcal{B}_t\,(0 \leq t \leq 1)$ telles que

(1) $B_0 = 0$; B_t est $\mathcal{B}_t$-mesurable ; p.s. les trajectoires $t \to B_t$ sont continues

(2) Pour tout instant t fixé on a

$$\lim_{h \downarrow 0} E\left[\frac{B_{t+h}-B_t}{h} \,|\, \mathcal{B}_t\right] = 0 ,$$

$$\lim_{h \downarrow 0} E\left[\frac{(B_{t+h}-B_t)^2}{h} \,|\, \mathcal{B}_t\right] = 1 .$$

(3) Pour tout instant t fixé , il existe des v.a. positives intégrables X_1 et X_2 telles que pour tout $h>0$

$$\left| E\left[\frac{B_{t+h}-B_t}{h} \,|\, \mathcal{B}_t\right] \right| \leq X_1 ,$$

$$\left| E\left[\frac{(B_{t+h}-B_t)^2}{h} \,|\, \mathcal{B}_t\right] \right| \leq X_2 .$$

Alors $B_t\,(0 \leq t \leq 1)$ est un mouvement brownien.

Démonstration : Pour tout instant s fixé, posons $(t \geq s)$

$$\phi_t^s = E\left[B_t - B_s \,|\, \mathcal{B}_s\right].$$

On a alors d'une part

$$\lim_{h\downarrow 0} \frac{\phi^s_{t+h}-\phi^s_t}{h}$$

$$= \lim_{h\downarrow 0} E\left[\frac{B_{t+h}-B_t}{h} \mid \mathcal{B}_s\right]$$

$$= \lim_{h\downarrow 0} E\left[E\left[\frac{B_{t+h}-B_t}{h} \mid \mathcal{B}_t\right] \mid \mathcal{B}_s\right] ,$$

et comme d'après (3) on peut utiliser le théorème de Lebesgue sur la convergence dominée, d'après (2) la limite ci-dessus est nulle ; et d'autre part on a semblablement

$$|\phi^s_{t_1}-\phi^s_{t_2}| \leqslant |t_1-t_2| E[X_1 | \mathcal{B}_s] ,$$

de sorte que p.s. l'application $t \longrightarrow \phi^s_t$ $(t \geqslant s)$ est continue, avec une dérivée à droite nulle. Cette application est donc constante, et plus précisément elle est nulle de sorte que l'on a

$$E\,[B_t-B_s | \mathcal{B}_s] = 0 .$$

Posons encore semblablement

$$\psi^s_t = E\,[(B_t-B_s)^2 | \mathcal{B}_s].$$

On a alors après simplification, compte tenu de la relation précédente qui vient d'être établie

$$\lim_{h\downarrow 0} \frac{\psi^s_{t+h}-\psi^s_t}{h}$$

$$= \lim_{h\downarrow 0} E\left[E\left[\frac{(B_{t+h}-B_t)^2}{h} | \mathcal{B}_t\right] | \mathcal{B}_s\right],$$

cette limite étant donc égale à 1. Et comme de plus

$$|\psi^s_{t_1}-\psi^s_{t_2}| \leqslant |t_1-t_2| E[X_2 | \mathcal{B}_s] ,$$

presque sûrement l'application $t \longrightarrow \psi^s_t$ $(t \geqslant s)$ est continue, avec une dérivée à droite égale à 1. On a donc

$$E\left[(B_t-B_s)^2 \mid \mathcal{B}_s\right] = t-s ,$$

ce qui d'après la Proposition 2.3.1 achève la démonstration

A.2 RETOURNEMENT DU PROCESSUS DE WIENER

Pour simplifier les notations, on supposera $t=1$.

Afin de montrer que le processus p.s. à trajectoires continues

$$B_r = Y_r - Y_o - \int_0^r b(Y_u)\, du , \qquad (0 \leq r < 1)$$

avec $b(X_u) = X_u/1-u$, est un mouvement brownien, on établit les deux relations

(1) $E\left[B_{r+h}-B_r \mid Y_r = y\right] = 0$

(2) $E\left[(B_{r+h}-B_r)^2 \mid Y_r = y\right] = h$.

La première s'établit directement en observant que l'espérance (sous la condition $Y_r = y$) du second membre de

$$\frac{B_{r+h}-B_r}{h} = \frac{Y_{r+h}-Y_r}{h} - \int_0^1 b(Y_{r+\theta h})\, d\theta$$

est nulle d'après les deux relations (la seconde résultant de la première)

$$E\left[\frac{Y_{r+h}-Y_r}{h} \mid Y_r = y\right] = \frac{y}{1-r} \qquad\qquad E\left[Y_{r+\theta h} \mid Y_r = y\right] = y - \frac{\theta h}{1-r}\, y .$$

La seconde s'établit indirectement de la manière suivante :

Soit $\varepsilon > 0$. Il résulte des relations élémentaires

$$E\left[\frac{(Y_{r+h}-Y_r)^2}{h} \mid Y_r = y\right] = \frac{h y^2}{(1-r)^2} + \frac{1-r-h}{1-r} \quad (\rightarrow 1)$$

$$E\left[Y_{r+h}^2 \mid Y_r = y\right] = \frac{(1-r-h)^2}{(1-r)^2}\, y^2 + \frac{1-r-h}{1-r}\, h$$

que ces deux espérances conditionnelles sont majorée par

$$\psi(y) = K(1+|y|^2)$$

avec $K = \varepsilon^{-1}>1$ dès que $0\leq r\leq 1-\varepsilon$. De plus on a

$$\sup_r E\left[\psi(Y_r)\right] = \sup_s E\left[\psi(W_s)\,|W_1 = x\right]<\infty.$$

Afin de pouvoir utiliser une propriété caractéristique du mouvement brownien (Appendice 1),établissons alors les deux propriétés suivantes

$$(2.1)\quad \lim_{h\downarrow 0} E\left[\frac{(B_{r+h}-B_r)^2}{h} \mid Y_r = y\right] = 1$$

$$(2.2)\quad E\left[\frac{(B_{r+h}-B_r)^2}{h} \mid Y_r = y\right]\leq 2|\psi(Y_r)+ K^2\ \psi(Y_r)|,$$

le second membre de cette inégalité étant une v.a. intégrable indépendante de h

Puisque

$$\frac{(B_{r+h}-B_r)^2}{h} = \frac{(Y_{r+h}-Y_r)^2}{h}$$

$$- 2(Y_{r+h}-Y_r)\int_0^1 b(Y_{r+\theta h})d\theta+h\left(\int_0^1 b(Y_{r+\theta h})d\theta\right)^2,$$

il suffit pour établir (2.1) de montrer que l'espérance (sous la condition $Y_r = y$) des deux derniers termes du second membre tend vers 0 avec h . Or on a d'une part

$$E\left[h\left(\int_0^1 b(Y_{r+\theta h})d\theta\right)^2|Y_r = y\right]$$

$$\leq h\ E\left[\int_0^1 b^2(Y_{r+\theta h})\,d\theta\,|Y_r = y\right]$$

$$\leq h\ K^2\ E\left[\int_0^1 |Y_{r+\theta h}|^2\ d\theta\,|Y_r = y\right]$$

$$\leq h\ K^2\ \psi(y)$$

et d'autre part, en utilisant la majoration $|2AB|\leq(A^2+B^2)$,

$$\left| E\left[2(Y_{r+h}-Y_r)\int_0^1 b(Y_{r+\theta h})\,d\theta \,\middle|\, Y_r = y\right]\right|$$

$$\leq E\left[\sqrt{h}\,\frac{(Y_{r+h}-Y_r)^2}{h} + \sqrt{h}\,\left(\int_0^1 b(Y_{r+\theta h})\,d\theta\right)^2 \,\middle|\, Y_r = y\right]$$

$$\leq \sqrt{h}\,\psi(y) + \sqrt{h}\,K^2\,\psi(y)\ .$$

Enfin, pour établir (2.2), on observe qu'en utilisant la majoration $(A+B)^2 \leq 2(A^2+B^2)$ il vient

$$E\left[\frac{(B_{r+h}-B_r)^2}{h} \,\middle|\, Y_r = y\right]$$

$$\leq 2\left(E\left[\frac{(Y_{r+h}-Y_r)^2}{h} \,\middle|\, Y_r = y\right] + h\,E\left[\left(\int_0^1 b(Y_{r+\theta h})\,d\theta\right)^2 \,\middle|\, Y_r = y\right]\right.$$

$$\leq 2\,(\psi(y) + h\,K^2\,\psi(y))\ .$$

A.3 RETOURNEMENT D'UNE DIFFUSION

Le retournement d'une diffusion s'effectue en établissant d'abord que le processus retourné est markovien et en s'appuyant alors sur le critère suivant, dont l'énoncé et la démonstration, donnés pour simplifier dans le cas de R, s'étendent immédiatement au cas de $R^d\,(d\geq 1)$.

Proposition (Critère pour qu'un processus markovien p.s. à trajectoires continues soit solution d'une équation diféfrentielle stochastique) Soit $X_t\,(0\leq t<1)$ un processus markovien à valeurs réelles p.s. à trajectoires continues tel que

$$\lim_{h\downarrow 0} E\left[\frac{X_{t+h}-X_t}{h} \,\middle|\, X_t = x\right] = b(t,x)\,,\quad \lim_{h\downarrow 0} E\left[\frac{(X_{t+h}-X_t)^2}{h} \,\middle|\, X_t = x\right] = a(t,x)$$

Pour que ce processus soit solution de l'équation différentielle stochastique

$$dX_t = \sqrt{a}\,dB_t + b\,dt$$

pour un certain mouvement brownien $B_t\,(t\geq 0)$, il suffit que les propriétés suivantes soient satisfaites :

(1) $a : [0,1]\times R \to R$ est continue, ses dérivées partielles $\partial_t a$ et $\partial_x a$ sont continues et bornées, et a^{-1} est bornée,

(2) $b : [0,1]\times R \to R$ est continue, et il existe une constante K telle que $|b(t,x)|\leq K(1+|x|)$,

(3) il existe une fonction $\psi: R \to R$ (donc indépendante de t et de $h>0$) telle que

$$1 + |x|^2 \leq \psi(x) ,$$

$$\left| E \left[\frac{X_{t+h}-X_t}{h} \middle| X_t = x\right] \right| \leq \psi(x) , \quad E \left[\frac{(X_{t+h}-X_t)^2}{h} \middle| X_t = x\right] \leq \psi(x) ,$$

avec pour tout instant t fixé

$$E\left[\psi(X_t)\right] < \infty ,$$

et que de plus, lorsque $a \neq 1$, la dernière propriété suivante soit aussi satisfaite :

(1 bis) il existe $\partial>0$ (par exemple $\partial = 2$) tel que

$$\lim_{h\downarrow 0} E\left[\frac{|X_{t+h}-X_t|^{2+\partial}}{h} \middle| X_t = x\right] = 0 .$$

<u>Démonstration</u> : On observera que d'après la condition (3) on peut supposer directement que l'on a de plus

$$\text{(3 bis)} \quad E\left[|X_{t+h}|+|X_{t+h}|^2 \,\middle|\, X_t = x\right] \leq \psi(x) .$$

On va d'abord supposer $a=1$, puis ramener le cas général à ce cas particulier.

Etape 1 $(a = 1)$

Il suffit d'établir que le processus

$$B_t = X_t - X_0 - \int_0^t b(s,X_s)\,ds ,$$

qui p.s. est à trajectoires continues, est un mouvement brownien. On observera d'ailleurs que dans ce cas particulier d'un coefficient de diffusion constant, au lieu de supposer que $X_t\,(t\geq 0)$ est une diffusion satisfaisant à la condition (3 bis), on peut supposer seulement que $X_t\,(t\geq 0)$ est un processus markovien p.s. à trajectoires continues vérifiant les hypothèses (2) et (3). En d'autres termes, toute hypothèse par exemple du type "$dX^4 = \text{const.}\ dt^2$" est ici inutile.

Or d'une part, puisque pour tout $h>0$ on a

$$\frac{B_{t+h}-B_t}{h} = \frac{X_{t+h}-X_t}{h} - \int_0^1 b(X_{t+\theta h})\,d\theta \ ,$$

on a aussi bien

$$E\left[\frac{B_{t+h}-B_t}{h} \mid X_t = x\right]$$

$$= E\left[\frac{X_{t+h}-X_t}{h} \,\middle|\, X_t = x\right] - E\left[\int_0^1 b(X_{t+\theta h})\,d\theta \,\middle|\, X_t = x\right],$$

et comme $b(X_{t+\theta h})$ est majorée en valeur absolue par la fonction $K(1+|X_{t+\theta h}|)$ intégrable puisque

$$\left| E\left[\int_0^1 b(X_{t+\theta h})\,d\theta \,\middle|\, X_t = x\right]\right|$$

$$\leq K \int_0^1 E\left[1+|X_{t+\theta h}| \,\middle|\, X_t = x\right] d\theta$$

$$\leq K\,(1+\psi(x)) \ ,$$

on a d'après le théorème de Lebesgue sur la convergence dominée

$$\lim_{h\downarrow 0} E\left[\frac{B_{t+h}-B_t}{h} \,\middle|\, X_t\right] = 0$$

avec d'ailleurs, la v.a. au second membre étant intégrable ,

$$\left|E\left[\frac{B_{t+h}-B_t}{h} \,\middle|\, X_t\right]\right| \leq \psi(X_t) + K(1+\psi(X_t)) \ .$$

Et d'autre part, puisque

$$\frac{(B_{t+h}-B_t)^2}{h} = \frac{(X_{t+h}-X_t)^2}{h}$$

$$- 2(X_{t+h}-X_t) \int_0^1 b(X_{t+\theta h})d\theta + h(\int_0^1 b(X_{t+\theta h})d\theta)^2 ,$$

montrons d'abord que l'espérance (sous la condition $X_t = x$) des deux derniers termes du second membre de cette relation tendent vers 0 avec h , ce qui établira déjà que

$$\lim_{h\downarrow 0} E \left[\frac{(B_{t+h}-B_t)^2}{h} \;|X_t = x\right] = 1 .$$

On a d'abord, en utilisant la majroation $(A+B)^2 \leq 2(A^2+B^2)$,

$$E \left[h \;(\int_0^1 b(X_{t+\theta h})d\theta)^2 \;|X_t = x\right]$$

$$\leq h \; E \left[\int_0^1 b^2(X_{t+\theta h})d\theta|X_t = x\right]$$

$$\leq 2hK^2 \; E \left[\int_0^1 (1+|X_{t+\theta h}|^2)d\theta|X_t = x\right]$$

$$\leq 2hK^2 \;(1+\psi(x)) \to 0 ,$$

et ensuite, en utilisant la majoration $|2AB| \leq (A^2+B^2)$,

$$|E \left[2(X_{t+h}-X_t) \int_0^1 b(X_{t+\theta h})d\theta|X_t = x\right]|$$

$$\leq E \left[\sqrt{h} \; \frac{(X_{t+h}-X_t)^2}{h} + \sqrt{h} \;(\int_0^1 b(X_{t+\theta h})d\theta)^2|X_t = x\right]$$

$$\leq \sqrt{h} \;\psi(x) + 2 \sqrt{h} \; K^2 \;(1+\psi(x)) \to 0$$

Enfin, en utilisant la majoration $(A+B)^2 \leq 2(A^2+B^2)$, on a

$$E \left[\frac{(B_{t+h}-B_t)^2}{h} \;|\; X_t = x\right]$$

$$\leq 2 \;(E \left[\frac{(X_{t+h}-X_t)^2}{h} \;|X_t = x\right] + h \; E \left[(\int_0^1 b(X_{t+\theta h})d\theta)^2|X_t = x\right])$$

$$\leq 2 \; |\psi(x) + 2hK^2(1+\psi(x))| \; ,$$

ce qui établit, la v.a. au second membre étant intégrable, que

$$E \left| \frac{(B_{t+h}-B_t)^2}{h} \, \middle| X_t \right| \leq 2|\psi(X_t) + 2hK^2(1+\psi(X_t))| \; .$$

Ainsi $B_t (t \geq 0)$ est effectivement un mouvement brownien (Appendice 1).

Etape 2 (a quelconque)

Soit $\phi : [0,1] \times R \to R$ une application dont les dérivées partielles ϕ'_t , ϕ'_x et ϕ''_{xx} sont continues. On a alors d'après la formule de Ito, en supposant (ce qui est en fait ce que l'on veut montrer) que le processus X_t est solution de l'équation différentielle stochastique $dX_t = \sqrt{a}\, dB_t + b dt$

$$d\phi = \phi'_x \sqrt{a}\, dB_t + (\phi'_t + b\phi'_x + \frac{1}{2}\, a\, \phi''_{xx})\, dt \; .$$

Si donc on pose par exemple

$$\phi(t,x) = \int_0^x \frac{1}{\sqrt{a}}\, d\xi \; ,$$

alors on obtient $d\phi = dB_t + (R\phi)dt$ avec $|R\phi| \leq K'(1+|x|)$ puisque pour une certaine constante L on a par hypothèse $|\phi'_t| \leq L|x|$, $|\phi'_x| \leq L$, $|\phi''_{xx}| \leq L$ et $|a| \leq L(1+|x|)$, ce qui nous ramène au cas de l'étape précédente.

Il suffit donc d'établir directement (i.e. sans utiliser la formule de Ito) que l'image $\phi(X_t)$ est solution d'une équation différentielle stochastique, c'est-à-dire d'établir que pour cette image la propriété (3) est satisfaite et que de plus

$$\lim_{h \downarrow 0} E \left[\frac{\phi(X_{t+h}) - \phi(X_t)}{h} \, \middle| X_t = x \right] = \phi'_t + b\phi'_x + \frac{1}{2}\, a\, \phi''_{xx} \; ,$$

$$\lim_{h \downarrow 0} E \left[\frac{(\phi(X_{t+h}) - \phi(X_t))^2}{h} \, \middle| X_t = x \right] = \phi'_x \sqrt{a} = 1 \; ,$$

puis de revenir à la diffusion $X_t (0 \leq t \leq 1)$ par l'application inverse ϕ^{-1} et la formule de Ito.

Or on a d'après la formule de Taylor

$$\phi(X_{t+h}) - \phi(X_t)$$

$$= \phi'_t(t,X_t)h + R_1 h$$

$$+ \phi'_x(t,X_t)(X_{t+h}-X_t) + \frac{1}{2}\phi''_{xx}(t,X_t)(X_{t+h}-X_t)^2 + \frac{1}{2}R_2(X_{t+h}-X_t)^2$$

avec les restes

$$R_1 = \phi'_t(t+\theta h,\ X_{t+h}) - \phi'_t(t,X_t) \qquad (0\leq\theta\leq 1)$$

$$R_2 = \phi''_{xx}(t,X_t+\theta'(X_{t+h}-X_t)) - \phi''_{xx}(t,X_t) \qquad (0\leq\theta'\leq 1)$$

et donc les majorations

$$\left|E\left[R_1 \middle| X_t = x\right]\right|$$

$$\leq L\, E\left[|X_{t+h}-X_t| \,\middle|\, X_t=x\right] + E\left[|\phi'_t(t+\theta h,X_t) - \phi'_t(t,X_t)| \,\middle|\, X_t = x\right] \to 0$$

$$\left|\frac{1}{h} E\left[R_2(X_{t+h}-X_t)^2 \middle| X_t = x\right]\right|$$

$$\leq \varepsilon\, E\left[\frac{(X_{t+h}-X_t)^2}{h} \,\middle|\, X_t = x\right] + 2L\int \frac{(X_{t+h}-X)^2}{h}\, dP\,(\,|X_t = x)$$

l'intégrale étant restreinte à l'événement $\{|X_{t+h}-X_t|\leq\eta\}$ et donc tendant vers 0 avec h puisque

$$\eta^\partial \int_{\{|X_{t+h}-X_t|>\eta\}} \frac{(X_{t+h}-X_t)^2}{h}\, dP\,(\,|X_t=x) \leq E\left[\frac{(X_{t+h}-X_t)^{2+\partial}}{h} \,\middle|\, X_t = x\right] \to 0$$

le nombre η étant tel que $|R_2|\leq\varepsilon$ dès que $|X_{t+h}-X_t|\leq\eta$.

On a semblablement

$$(\phi(X_{t+h})-\phi(X_t))^2$$

$$= (\phi'_t(t,X_t)h + R_1 h$$

$$+ \phi'_x(t,X_t)(X_{t+h}-X_t) + R_3(X_{t+h}-X_t))^2$$

avec le reste

$$R_3 = \phi'_x(t,X_t+\theta''(X_{t+h}-X_t))-\phi'_x(t,X_t) \qquad (0\leqslant\theta''\leqslant 1)$$

et donc avec les majorations semblables à celles ci-dessus

$$E\left[R_1^2\ h|X_t=x\right]$$

$$\leqslant 2h\ L^2 E\left[|X_{t+h}-X_t|^2|X_t=x\right] + 2h\ E\left[|\phi'_t(t+\theta h,X_t-\phi'_t(t,X_t)|\,|^2\ X_t=x\right]\to 0$$

$$\frac{1}{2}\ E\left[R_3^2(X_{t+h}-X_t)^2|X_t=x\right]$$

$$\leqslant \text{etc...} \to 0\ ,$$

le reste de la démonstration étant dès lors immédiat.

A.4 LEMME DE WEYL

Proposition A.4 (Lemme de Weyl) Soit $G = \frac{1}{2}\ \Sigma a_{ij}\ \partial^2/\partial x_i\ \partial x_j + \Sigma b_i\ \partial/\partial x_i + c$ un opérateur elliptique sur une variété M et G^* son adjoint par rapport au volume $dq = \sqrt{\det a^{-1}}dx$. Alors si ρ est la densité (au sens de Radon-Nikodym) par rapport à dq d'une mesure positive sur $]0,\infty)\times M$ telle que pour toute fonction indéfiniment différentiable à support compact $f :]0,\infty)\times M\to R$ on ait

$$\int_{]0,\infty)\times M} \rho(\partial_t+G)\ f\ dt\ dq = \int_{]0,\infty)} gf\ dt\ dq$$

pour une certaine fonction $g :]0,\infty)\times M \to R$ indéfiniment différentiable, alors ρ: $]0,\infty)\times M$ admet une version (au sens de Radon-Nikodym) indéfiniment différentiable qui est alors solution de l'équation $(\partial_t-G^*)\rho = -g$.

Démonstration : Voir McKean, Bers-John-Schechter ou Nirenberg.

NOTES

Lorsque sur l'incitation de mon ami le biologiste Pierre Gavaudan je suis allé voir Louis de Broglie dont il venait de me faire découvrir le livre sur la Thermodynamique cachée des particules, j'ignorais tout des théories quantiques. Mais je connaissais la physique statistique classique, et j'avais été frappé par l'interprétation boltzmannienne donnée dans ce livre du principe de moindre action.

Louis de Broglie me donna une suite de conseils, dont le premier était de lire les mémoires de Max Planck, et le second de lire sa thèse. De lecture en lecture, je me suis ensuite enfoncé dans les hilberts, et plus j'apprenais de choses et moins j'en comprenais. Au bout d'un an de ce manège, je revins à la thèse de de Broglie, la consolidais en lisant le début du livre de Elie Cartan sur les invariants intégraux, et décidais de repartir avec la forme de Poincaré-Cartan. La définition de l'intégrale de Feynman dans le livre de Feynman et Hibbs m'ayant convaincu que c'était le bon départ, j'ai cherché comment exprimer la forme de Poincaré-Cartan que je voulais fermée par brownisation, et je lus pour cela le livre d'Edward Nelson.

Je consignais cette idée sur une feuille, mais la soupçonnant d'être triviale pour sa trop grande simplicité, je la mis dans un dossier et repris mes lectures. C'est six mois après que je la ressortis des dossiers, et que j'ai alors construit la forme ω_2 et exprimé sa fermeture, le livre de Nelson en main. De la demi-somme associée à la forme ω_2 je passais aussitôt à la demi-différence pour trouver la forme ω_1 en reconstituant l'équation de continuité qui lui est associée.

Les cinq livres que je viens de citer sont donc mes sources principales.

En ce qui concerne la rédaction de ce livre, dont le but n'est pas d'exposer le Calcul des Probabilités ni la théorie stochastique de la diffusion, j'ai fait en sorte que le lecteur puisse approfondir ses connaissances dans ces domaines avec les livres de Neveu et de McKean. Mais il y a sur ces sujets d'autres livres excellents, comme par exemple ceux de Kolmogorov, de Gihman et Skorohod, de Freedman, de Billingsley, etc... J'ai emprunté une inégalité à Stroock et Varadhan pour simplifier en particulier la définition (au sens presque sûr) d'une intégrale stochastique, et une figure à Bourbaki (où l'on trouvera la construction d'une mesure gaussienne en dimension infinie) pour illustrer la définition de la mesure de Wiener.

En ce qui concerne le sujet du livre proprement dit, à savoir le mouvement brownien relativiste dont la définition est due à l'auteur ainsi que l'introduction des formes fondamentales ω_1 et ω_2 , la notion de diffusion à fronts d'onde, l'interprétation via l'espace $M\times SL(2,C)$ de l'équation de Dirac, et celle via l'espace $M\times SL(2,C)^2$ des équations de Maxwell, je me suis inspiré essentiellement des deux livres de de Broglie sur la Thermodynamique de la particule isolée et sur la Théorie générale des particules à spin (en reprenant dans ce dernier l'obtention des équations de Maxwell par fusion de deux équations de Dirac), ainsi que du livre de Nelson dont j'ai en particulier restructuré et complété la démonstration heuristique du fait que les dérivées à droite et à gauche (d'une diffusion) sont au signe près adjointes l'une de l'autre.

Enfin l'introduction des équations de Lagrange et de Hamilton au niveau de la diffusion à fronts d'onde elle-même est aussi due à l'auteur, mais on pourra aisément approfondir ces formalismes dans le cadre classique par exemple dans le livre d'Abraham où l'on trouvera en particulier une excellente introduction au calcul différentiel extérieur.

BIBLIOGRAPHIE

ABRAHAM R., Foundations of Mechanics, Benjamin, New York, 1967

BACHELIER L., Théorie de la spéculation, Ann. Sci. Ecole Norm. Zup. 17, 21-86 1900.

BEEKMAN J.A., Feynman-Cameron Integrals, J. Math. and Phys., 46, 253-266.

BERS L., JOHN F., SCHECHTER M., Partial Differential Equations, Interscience Publishers, New York, 1964.

BILLINGSLEY P., Convergence of Probability measures, John Wiley & Sons, New York, 1968.

BIRKHOFF G., Hydrodynamics, Princeton Univ. Press, Princeton, New Jersey, 1960.

BOHM D., Quantum Theory, Prentice Hall, New York, 1951.

BOHM D. et VIGIER J.P., Phys. Rev., 96, 208, 1956.

BOPP F. et HAAG Z., Naturforschg., 5a, 644-653, 1950.

BOURBAKI N., Intégration, chap. IX, Hermann, Paris, 1969.

DE BROGLIE L., Recherches sur la Théorie des Quanta, Thèse, Paris, 1924. Ann. Phys., 3, 22-128, 1925.

DE BROGLIE L., Théorie générale des particules à spin, Gauthier-Villars, Paris, 1943.

DE BROGLIE L., Mécanique ondulatoire du photon et théorie quantique des champs, Gauthier-Villars, Paris, 1957.

DE BROGLIE L., La Thermodynamique de la particule isolée ou Thermodynamique cachée des particules, Gauthier-Villars, Paris, 1966.

DE BROGLIE L., Ann. Inst. H. Poincaré, IX, 2, 89-108, 1968.

CAMERON R.H., A Family of Integrals Serving to Connect the Wiener and Feynman Integrals, J. Math. and Physics, 39, 126-140, 1960.

CARROLL L. (DODGSON C.L.), Alice's adventures in Wonderland, R. Clay, son, and Taylor, London, 1865. Read and sung by Cyril Ritchard, Riverside SDP 22.

CARROLL L. (DODGSON C.L.), The Complete Works of Lewis Carroll, 1116-1119, The Nonesuch Press, London, 1939.

CARTAN E., Lecons sur les invariants intégraux, Hermann, Paris, 1958.

CAUBET J.P., Dynamique de la diffusion et quantification, Acad. Sci. Paris, Comptes Rendus, 274, 335-338, 1972.

CAUBET J.P., Comptes Rendus, 274, série A, 1972, p. 1502 ; 276, série A, 1973, p. 887 ; 277, série A, 1973, p. 229 ; 277, série A, 1973, p. 1199 ; 278, série A, 1974, p. 1059 ; 278, série A, 1974, p. 1271 ; 279, série A, 1974, p. 247 ; 280, série A, 1975, p. 479 ; 280, série A, 1975, p. 303 ; 280, série A, 1975, p. 817 ;282, série A, 1976, p. 1051.

CAUBET J.P., Relativistic Brownian Motion, in Probabilistic Methods in Differential Equations, ed. by Pinsky M.A., Lecture Notes in Mathematics, 451, 113-142, 1975.

CAUBET J.P., Mouvement Brownien Relativiste et Equations de base de la Mécanique Ondulatoire, 1, 13-29, 1976, Ann. Fond. L. de Broglie.

COSTA DE BEAUREGARD O., Théorie synthétique de la Relativité restreinte et des Quanta, Gauthier-Villars, Paris, 1957.

COULOMB J., Cours de séismologie et de constitution physique du globe terrestre, Institut de Physique du Globe, Paris, 1956.

DIRAC P.A.M., The principles of quantum mechanics, 2nd edition, Clarendon Press, Oxford, 1935.

EINSTEIN A., Uber einen die Erzengung und Verwandlung des Lichtes betreffenden heuristischen Gesichtspunkt, Annalen der Physik, 17, 132-148, 1905.

EINSTEIN A., Investigations on the theory of the Brownian movement, Dover Publications, New York, 1956.

FENYES J., Eine Wahrscheinlichkeitstheoretische Begründung und Interpretation der Quantenmechanik, Zeitschrift für Physik, 132, 81-106, 1952.

FEYNMAN R.P., The Theory of Positrons, Phys. Rev., 76, 749-759, 1949.

FEYNMAN R.P., Statistical Mechanics, Benjamin, Reading, Mass. 1972.

FEYNMAN R.P. et HIBBS A.R., Quantum Mechanics and Path Integrals, McGraw-Hill, New York, 1965.

FREEDMAN D., Brownian Motion and Diffusion, Holden-Day, San Francisco, Calif., 1971.

GIHMAN J.J et SKOROHOD A.V., Stochastic differential equations, Springer, Berlin, 1972.

GROSS L., Measurable functions on Hilbert space, Trans. Amer. math. Soc., 105, 372-390, 1962.

GROSS L., Abstract Wiener spaces, Proc. Fifth Berkeley Symposium, 31-42, Univ. of Calif. Press, Berkeley, Calif. 1965.

HALBWACHS F., Théorie relativiste des fluides à spin, Gauthier-Villars, Paris, 1960.

HEISENBERG W., The physical principles of the quantum theory, University of Chicago Press, Chicago, 1930.

HEISENBERG W., Introduction to the Unified Field Theory of Elementary particles, Interscience Publishers, London, 1966.

HELGASON S., Differential Geometry and Symmetric Spaces, Academic Press, New York, 1962.

HERMANN R., Differential geometry and the calculus of variations, Academic Press, New York, 1968.

ITO K., Stochastic Integral, Proc. Imperial Acad. Tokyo 20, 519-524, 1944.

ITO K., On stochastic differential equations, Mem. Amer. Math. Soc., 4, 1951.

ITO K. et McKEAN H.P., Diffusion Processes and their sample paths, Springer Berlin, 1965.

JAKOBI G. et LOCHAK G., Comptes rendus, 243, 1956, p. 276.

JAUCH J.M., Foundations of Quantum mechanics, Addison-Wesley, Reading, Mass., 1968.

KAC M., On some connections between probability theory and differential and integral equations, Proc. Second Berkeley Symposium, 189-215, Univ. of Calif. Press, Berkeley, Calif., 1951.

McKEAN H.P., Stochastic Integrals, Academic Press, New York, 1969.

KOLMOGOROV A.N., Foundations of probability theory, Chelsea, New York, 1956.

LANDAU L. et LIFCHITZ E., Physique théorique, IV, Editions Mir, Moscou, 1972.

LICHNEROWICZ A., Théories relativistes de la gravitation et de l'électromagnétisme, Masson, Paris, 1955.

LICHNEROWICZ A., Théorie de Petiau-Duffin-Kemmer , Acad. Sci. Paris, Comptes Rendus 253, 983-985, 1961.

MACKEY G.W., Mathematical Foundations of Quantum Mechanics, Benjamin, New York, 1963.

MADELUNG E., Z. Physik 40, 322, 1926.

MARSDEN J., Applications of Global Analysis in Mathematical Physics, Publish or Perish, 1974.

MISNER W., THORNE K.S., WHEELER J.A., Gravitation, W.H. Freeman & Co., San Francisco, 1973.

NAIMARK M.A., Les représentations linéaires du groupe de Lorentz, Dunod, Paris, 1962.

NELSON E., Derivation of the Schrödinger equation from Newtonian mechanics, Physical Review, 150, 1966.

NELSON E., Dynamical theories of Brownian motion, Princeton University Press, 1967.

VON NEUMANN J., Mathematical Foundations of Quantum Mechanics, Princeton University Press, Princeton, New Jersey, 1955.

NEVEU J., Bases mathématiques du Calcul des Probabilités, Masson, Paris, 1964.

NIRENBERG L., On elliptic partial differential equations, Ann. Scuola Norm. Sup. Pisa, serie 3, 13, 115-162, 1959.

PALEY R., WIENER N., et ZYGMUND A., Note on Random Functions, Math. Z., 37, 647-668, 1933.

PETIAU G., Les systèmes de matrices de la représentation des corpuscules de spin h/2π, Revue scientifique, 3241, 67-74, 1945.

PETIAU C., Sur les équations d'ondes de la théorie du corpuscule de spin h/2π et leurs généralisations, J. Physique Radium, X, 6, 215-224, 1949.

PLANCK M., Ann. d. Phys., 1, p. 99, 1900.

PLANCK M., Uber das Gesetz der Energieverteilung in Normalspektrum, Annalen der Physik, 4, p. 553 , 1901.

POINCARE H., Les Méthodes nouvelles de la Mécanique céleste, 1, 2, 3, Gauthier-Villars, Paris, 1892-99.

PONTRJAGIN L.S., Topological Groups, Princeton Univ. Press, Princeton, New Jersey, 1946.

PROHOROV Yu. V., Convergence of random processes and limit theorems in probability theory, Theor. Probability Appl., 1, 157-214, 1956.

REEB G., Sur certaines propriétés topologiques des trajectoires des systèmes dynamiques, Acad. Roy. Belg. Cl. Sci. Mem. Coll.

ROSEN G., Formulations of Classical and Quantum Dynamical theory, Academic Press, New York et Londres, 1969.

SCHRODINGER E., Mémoires sur la Mécanique ondulatoire, Félix Alcan, Paris, 1933.

SCHWARTZ L., Application des Distributions à l'Etude des Particules Elémentaires en Mécanique Quantique Relativiste, Gordon & Breach, New York, 1969.

STROOCK D.W. et VARADHAN S.R.S., Diffusion Processes with continuous coefficients, 1, 2, Comm. on Pure and Appl. Math. 22, 345-400, 1969.

TILLEY D.R. et TILLEY J., Superfluidity and Superconductivity, Van Norstrand Reinhold, London, 1974.

TONNELAT M.-A., Les théories unitaires de l'électromagnétisme et de la gravitation, Gauthier-Villars, Paris, 1965.

WIENER N., Differential space, J. Math. and Phys., 2, 132-174, 1923.

DE WITT (MORETTE) C., L'intégrale fonctionnelle de Feynman (une introduction), Ann. Inst. Henri Poincaré, 11, 153-206, 1969.

YAGLOM A.M., Strong limit theorems for stochastic processes and orthogonality conditions for probability measures, Bernoulli Bayes Laplace, Anniversary volume ed. by J. Neyman et L. Le Cam, Springer, Berlin, 1965.

Vol. 399: Functional Analysis and its Applications. Proceedings 1973. Edited by H. G. Garnir, K. R. Unni and J. H. Williamson. II, 584 pages. 1974.

Vol. 400: A Crash Course on Kleinian Groups. Proceedings 1974. Edited by L. Bers and I. Kra. VII, 130 pages. 1974.

Vol. 401: M. F. Atiyah, Elliptic Operators and Compact Groups. V, 93 pages. 1974.

Vol. 402: M. Waldschmidt, Nombres Transcendants. VIII, 277 pages. 1974.

Vol. 403: Combinatorial Mathematics. Proceedings 1972. Edited by D. A. Holton. VIII, 148 pages. 1974.

Vol. 404: Théorie du Potentiel et Analyse Harmonique. Edité par J. Faraut. V, 245 pages. 1974.

Vol. 405: K. J. Devlin and H. Johnsbråten, The Souslin Problem. VIII, 132 pages. 1974.

Vol. 406: Graphs and Combinatorics. Proceedings 1973. Edited by R. A. Bari and F. Harary. VIII, 355 pages. 1974.

Vol. 407: P. Berthelot, Cohomologie Cristalline des Schémas de Caracteristique p > o. II, 604 pages. 1974.

Vol. 408: J. Wermer, Potential Theory. VIII, 146 pages. 1974.

Vol. 409: Fonctions de Plusieurs Variables Complexes, Séminaire François Norguet 1970–1973. XIII, 612 pages. 1974.

Vol. 410: Séminaire Pierre Lelong (Analyse) Année 1972–1973. VI, 181 pages. 1974.

Vol. 411: Hypergraph Seminar. Ohio State University, 1972. Edited by C. Berge and D. Ray-Chaudhuri. IX, 287 pages. 1974.

Vol. 412: Classification of Algebraic Varieties and Compact Complex Manifolds. Proceedings 1974. Edited by H. Popp. V, 333 pages. 1974.

Vol. 413: M. Bruneau, Variation Totale d'une Fonction. XIV, 332 pages. 1974.

Vol. 414: T. Kambayashi, M. Miyanishi and M. Takeuchi, Unipotent Algebraic Groups. VI, 165 pages. 1974.

Vol. 415: Ordinary and Partial Differential Equations. Proceedings 1974. XVII, 447 pages. 1974.

Vol. 416: M. E. Taylor, Pseudo Differential Operators. IV, 155 pages. 1974.

Vol. 417: H. H. Keller, Differential Calculus in Locally Convex Spaces. XVI, 131 pages. 1974.

Vol. 418: Localization in Group Theory and Homotopy Theory and Related Topics. Battelle Seattle 1974 Seminar. Edited by P. J. Hilton. VI, 172 pages 1974.

Vol. 419: Topics in Analysis. Proceedings 1970. Edited by O. E. Lehto, I. S. Louhivaara, and R. H. Nevanlinna. XIII, 392 pages. 1974.

Vol. 420: Category Seminar. Proceedings 1972/73. Edited by G. M. Kelly. VI, 375 pages. 1974.

Vol. 421: V. Poénaru, Groupes Discrets. VI, 216 pages. 1974.

Vol. 422: J.-M. Lemaire, Algèbres Connexes et Homologie des Espaces de Lacets. XIV, 133 pages. 1974.

Vol. 423: S. S. Abhyankar and A. M. Sathaye, Geometric Theory of Algebraic Space Curves. XIV, 302 pages. 1974.

Vol. 424: L. Weiss and J. Wolfowitz, Maximum Probability Estimators and Related Topics. V, 106 pages. 1974.

Vol. 425: P. R. Chernoff and J. E. Marsden, Properties of Infinite Dimensional Hamiltonian Systems. IV, 160 pages. 1974.

Vol. 426: M. L. Silverstein, Symmetric Markov Processes. X, 287 pages. 1974.

Vol. 427: H. Omori, Infinite Dimensional Lie Transformation Groups. XII, 149 pages. 1974.

Vol. 428: Algebraic and Geometrical Methods in Topology, Proceedings 1973. Edited by L. F. McAuley. XI, 280 pages. 1974.

Vol. 429: L. Cohn, Analytic Theory of the Harish-Chandra C-Function. III, 154 pages. 1974.

Vol. 430: Constructive and Computational Methods for Differential and Integral Equations. Proceedings 1974. Edited by D. L. Colton and R. P. Gilbert. VII, 476 pages. 1974.

Vol. 431: Séminaire Bourbaki – vol. 1973/74. Exposés 436–452. IV, 347 pages. 1975.

Vol. 432: R. P. Pflug, Holomorphiegebiete, pseudokonvexe Gebiete und das Levi-Problem. VI, 210 Seiten. 1975.

Vol. 433: W. G. Faris, Self-Adjoint Operators. VII, 115 pages. 1975.

Vol. 434: P. Brenner, V. Thomée, and L. B. Wahlbin, Besov Spaces and Applications to Difference Methods for Initial Value Problems. II, 154 pages. 1975.

Vol. 435: C. F. Dunkl and D. E. Ramirez, Representations of Commutative Semitopological Semigroups. VI, 181 pages. 1975.

Vol. 436: L. Auslander and R. Tolimieri, Abelian Harmonic Analysis, Theta Functions and Function Algebras on a Nilmanifold. V, 99 pages. 1975.

Vol. 437: D. W. Masser, Elliptic Functions and Transcendence. XIV, 143 pages. 1975.

Vol. 438: Geometric Topology. Proceedings 1974. Edited by L. C. Glaser and T. B. Rushing. X, 459 pages. 1975.

Vol. 439: K. Ueno, Classification Theory of Algebraic Varieties and Compact Complex Spaces. XIX, 278 pages. 1975

Vol. 440: R. K. Getoor, Markov Processes: Ray Processes and Right Processes. V, 118 pages. 1975.

Vol. 441: N. Jacobson, PI-Algebras. An Introduction. V, 115 pages. 1975.

Vol. 442: C. H. Wilcox, Scattering Theory for the d'Alembert Equation in Exterior Domains. III, 184 pages. 1975.

Vol. 443: M. Lazard, Commutative Formal Groups. II, 236 pages. 1975.

Vol. 444: F. van Oystaeyen, Prime Spectra in Non-Commutative Algebra. V, 128 pages. 1975.

Vol. 445: Model Theory and Topoi. Edited by F. W. Lawvere, C. Maurer, and G. C. Wraith. III, 354 pages. 1975.

Vol. 446: Partial Differential Equations and Related Topics. Proceedings 1974. Edited by J. A. Goldstein. IV, 389 pages. 1975.

Vol. 447: S. Toledo, Tableau Systems for First Order Number Theory and Certain Higher Order Theories. III, 339 pages. 1975.

Vol. 448: Spectral Theory and Differential Equations. Proceedings 1974. Edited by W. N. Everitt. XII, 321 pages. 1975.

Vol. 449: Hyperfunctions and Theoretical Physics. Proceedings 1973. Edited by F. Pham. IV, 218 pages. 1975.

Vol. 450: Algebra and Logic. Proceedings 1974. Edited by J. N. Crossley. VIII, 307 pages. 1975.

Vol. 451: Probabilistic Methods in Differential Equations. Proceedings 1974. Edited by M. A. Pinsky. VII, 162 pages. 1975.

Vol. 452: Combinatorial Mathematics III. Proceedings 1974. Edited by Anne Penfold Street and W. D. Wallis. IX, 233 pages. 1975.

Vol. 453: Logic Colloquium. Symposium on Logic Held at Boston, 1972–73. Edited by R. Parikh. IV, 251 pages. 1975.

Vol. 454: J. Hirschfeld and W. H. Wheeler, Forcing, Arithmetic, Division Rings. VII, 266 pages. 1975.

Vol. 455: H. Kraft, Kommutative algebraische Gruppen und Ringe. III, 163 Seiten. 1975.

Vol. 456: R. M. Fossum, P. A. Griffith, and I. Reiten, Trivial Extensions of Abelian Categories. Homological Algebra of Trivial Extensions of Abelian Categories with Applications to Ring Theory. XI, 122 pages. 1975.

Vol. 457: Fractional Calculus and Its Applications. Proceedings 1974. Edited by B. Ross. VI, 381 pages. 1975.

Vol. 458: P. Walters, Ergodic Theory – Introductory Lectures. VI, 198 pages. 1975.

Vol. 459: Fourier Integral Operators and Partial Differential Equations. Proceedings 1974. Edited by J. Chazarain. VI, 372 pages. 1975.

Vol. 460: O. Loos, Jordan Pairs. XVI, 218 pages. 1975.

Vol. 461: Computational Mechanics. Proceedings 1974. Edited by J. T. Oden. VII, 328 pages. 1975.

Vol. 462: P. Gérardin, Construction de Séries Discrètes p-adiques. »Sur les séries discrètes non ramifiées des groupes réductifs déployés p-adiques«. III, 180 pages. 1975.

Vol. 463: H.-H. Kuo, Gaussian Measures in Banach Spaces. VI, 224 pages. 1975.

Vol. 464: C. Rockland, Hypoellipticity and Eigenvalue Asymptotics. III, 171 pages. 1975.

Vol. 465: Séminaire de Probabilités IX. Proceedings 1973/74. Edité par P. A. Meyer. IV, 589 pages. 1975.

Vol. 466: Non-Commutative Harmonic Analysis. Proceedings 1974. Edited by J. Carmona, J. Dixmier and M. Vergne. VI, 231 pages. 1975.

Vol. 467: M. R. Essén, The Cos $\pi\lambda$ Theorem. With a paper by Christer Borell. VII, 112 pages. 1975.

Vol. 468: Dynamical Systems – Warwick 1974. Proceedings 1973/74. Edited by A. Manning. X, 405 pages. 1975.

Vol. 469: E. Binz, Continuous Convergence on C(X). IX, 140 pages. 1975.

Vol. 470: R. Bowen, Equilibrium States and the Ergodic Theory of Anosov Diffeomorphisms. III, 108 pages. 1975.

Vol. 471: R. S. Hamilton, Harmonic Maps of Manifolds with Boundary. III, 168 pages. 1975.

Vol. 472: Probability-Winter School. Proceedings 1975. Edited by Z. Ciesielski, K. Urbanik, and W. A. Woyczyński. VI, 283 pages. 1975.

Vol. 473: D. Burghelea, R. Lashof, and M. Rothenberg, Groups of Automorphisms of Manifolds. (with an appendix by E. Pedersen) VII, 156 pages. 1975.

Vol. 474: Séminaire Pierre Lelong (Analyse) Année 1973/74. Edité par P. Lelong. VI, 182 pages. 1975.

Vol. 475: Répartition Modulo 1. Actes du Colloque de Marseille-Luminy, 4 au 7 Juin 1974. Edité par G. Rauzy. V, 258 pages. 1975. 1975.

Vol. 476: Modular Functions of One Variable IV. Proceedings 1972. Edited by B. J. Birch and W. Kuyk. V, 151 pages. 1975.

Vol. 477: Optimization and Optimal Control. Proceedings 1974. Edited by R. Bulirsch, W. Oettli, and J. Stoer. VII, 294 pages. 1975.

Vol. 478: G. Schober, Univalent Functions – Selected Topics. V, 200 pages. 1975.

Vol. 479: S. D. Fisher and J. W. Jerome, Minimum Norm Extremals in Function Spaces. With Applications to Classical and Modern Analysis. VIII, 209 pages. 1975.

Vol. 480: X. M. Fernique, J. P. Conze et J. Gani, Ecole d'Eté de Probabilités de Saint-Flour IV–1974. Edité par P.-L. Hennequin. XI, 293 pages. 1975.

Vol. 481: M. de Guzmán, Differentiation of Integrals in R^n. XII, 226 pages. 1975.

Vol. 482: Fonctions de Plusieurs Variables Complexes II. Séminaire François Norguet 1974–1975. IX, 367 pages. 1975.

Vol. 483: R. D. M. Accola, Riemann Surfaces, Theta Functions, and Abelian Automorphisms Groups. III, 105 pages. 1975.

Vol. 484: Differential Topology and Geometry. Proceedings 1974. Edited by G. P. Joubert, R. P. Moussu, and R. H. Roussarie. IX, 287 pages. 1975.

Vol. 485: J. Diestel, Geometry of Banach Spaces – Selected Topics. XI, 282 pages. 1975.

Vol. 486: S. Stratila and D. Voiculescu, Representations of AF-Algebras and of the Group U (∞). IX, 169 pages. 1975.

Vol. 487: H. M. Reimann und T. Rychener, Funktionen beschränkter mittlerer Oszillation. VI, 141 Seiten. 1975.

Vol. 488: Representations of Algebras, Ottawa 1974. Proceedings 1974. Edited by V. Dlab and P. Gabriel. XII, 378 pages. 1975.

Vol. 489: J. Bair and R. Fourneau, Etude Géométrique des Espaces Vectoriels. Une Introduction. VII, 185 pages. 1975.

Vol. 490: The Geometry of Metric and Linear Spaces. Proceedings 1974. Edited by L. M. Kelly. X, 244 pages. 1975.

Vol. 491: K. A. Broughan, Invariants for Real-Generated Uniform Topological and Algebraic Categories. X, 197 pages. 1975.

Vol. 492: Infinitary Logic: In Memoriam Carol Karp. Edited by D. W. Kueker. VI, 206 pages. 1975.

Vol. 493: F. W. Kamber and P. Tondeur, Foliated Bundles and Characteristic Classes. XIII, 208 pages. 1975.

Vol. 494: A Cornea and G. Licea. Order and Potential Resolvent Families of Kernels. IV, 154 pages. 1975.

Vol. 495: A. Kerber, Representations of Permutation Groups II. V, 175 pages. 1975.

Vol. 496: L. H. Hodgkin and V. P. Snaith, Topics in K-Theory. Two Independent Contributions. III, 294 pages. 1975.

Vol. 497: Analyse Harmonique sur les Groupes de Lie. Proceedings 1973–75. Edité par P. Eymard et al. VI, 710 pages. 1975.

Vol. 498: Model Theory and Algebra. A Memorial Tribute to Abraham Robinson. Edited by D. H. Saracino and V. B. Weispfenning. X, 463 pages. 1975.

Vol. 499: Logic Conference, Kiel 1974. Proceedings. Edited by G. H. Müller, A. Oberschelp, and K. Potthoff. V, 651 pages 1975.

Vol. 500: Proof Theory Symposion, Kiel 1974. Proceedings. Edited by J. Diller and G. H. Müller. VIII, 383 pages. 1975.

Vol. 501: Spline Functions, Karlsruhe 1975. Proceedings. Edited by K. Böhmer, G. Meinardus, and W. Schempp. VI, 421 pages. 1976.

Vol. 502: János Galambos, Representations of Real Numbers by Infinite Series. VI, 146 pages. 1976.

Vol. 503: Applications of Methods of Functional Analysis to Problems in Mechanics. Proceedings 1975. Edited by P. Germain and B. Nayroles. XIX, 531 pages. 1976.

Vol. 504: S. Lang and H. F. Trotter, Frobenius Distributions in GL_2-Extensions. III, 274 pages. 1976.

Vol. 505: Advances in Complex Function Theory. Proceedings 1973/74. Edited by W. E. Kirwan and L. Zalcman. VIII, 203 pages. 1976.

Vol. 506: Numerical Analysis, Dundee 1975. Proceedings. Edited by G. A. Watson. X, 201 pages. 1976.

Vol. 507: M. C. Reed, Abstract Non-Linear Wave Equations. VI, 128 pages. 1976.

Vol. 508: E. Seneta, Regularly Varying Functions. V, 112 pages. 1976.

Vol. 509: D. E. Blair, Contact Manifolds in Riemannian Geometry. VI, 146 pages. 1976.

Vol. 510: V. Poènaru, Singularités C^∞ en Présence de Symétrie. V, 174 pages. 1976.

Vol. 511: Séminaire de Probabilités X. Proceedings 1974/75. Edité par P. A. Meyer. VI, 593 pages. 1976.

Vol. 512: Spaces of Analytic Functions, Kristiansand, Norway 1975. Proceedings. Edited by O. B. Bekken, B. K. Øksendal, and A. Stray. VIII, 204 pages. 1976.

Vol. 513: R. B. Warfield, Jr. Nilpotent Groups. VIII, 115 pages. 1976.

Vol. 514: Séminaire Bourbaki vol. 1974/75. Exposés 453 – 470. IV, 276 pages. 1976.

Vol. 515: Bäcklund Transformations. Nashville, Tennessee 1974. Proceedings. Edited by R. M. Miura. VIII, 295 pages. 1976.